南方丘陵山区农业机械化发展模式与战略

◎陈聪 等著

中国农业科学技术出版社

图书在版编目（CIP）数据

南方丘陵山区农业机械化发展模式与战略 / 陈聪等著 . —北京：中国农业科学技术出版社，2017.12

ISBN 978-7-5116-1563-3

Ⅰ．①南⋯ Ⅱ．①陈⋯ Ⅲ．①丘陵地－农业机械化－发展战略－研究－中国 Ⅳ．① S23-01

中国版本图书馆 CIP 数据核字（2014）第 048890 号

责任编辑　崔改泵
责任校对　贾海霞

出 版 者　中国农业科学技术出版社
　　　　　北京市中关村南大街 12 号　邮编：100081
电　　话　（010）82109194（编辑室）　（010）82109702（发行部）
　　　　　（010）82109709（读者服务部）
传　　真　（010）82106650
网　　址　http://www.castp.cn
经 销 者　各地新华书店
印 刷 者　北京建宏印刷有限公司
开　　本　700mm×1 000mm　1/16
印　　张　10.5
字　　数　160 千字
版　　次　2017 年 12 月第 1 版　2019 年 1 月第 2 次印刷
定　　价　60.00 元

《南方丘陵山区农业机械化发展模式与战略》
著者名单

著作单位　农业部南京农业机械化研究所

主　　著　陈　聪

著　　者　曹光乔　梁　建　张宗毅

　　　　　曹　蕾　吴　萍　崔思远

前　言

　　农业机械化是指运用先进适用的农业机械装备农业，改善农业生产经营条件，不断提高农业的生产技术水平和经济效益、生态效益的过程（中华人民共和国农业机械化促进法）。目前，我国已经进入了工业反哺农业，工业化、城镇化与农业现代化"三化"同步推进的时代，而农业机械化是农业现代化的重要标志和主要内容，农业机械化发展得好坏直接影响着我国"三化"推进的效率及新农村建设的质量。截至 2012 年年底，我国主要农作物耕种收综合机械化水平已经达到 52.28%，机耕、机播与机收水平分别为 69.61%、43.04%、38.41%，整体进入了中级发展阶段。

　　2009 年"中央 1 号文件"明确提出"加快研发适合丘陵山区使用的轻便农业机械"，2010 年《国务院关于促进农业机械化和农机工业又好又快发展的意见》再次强调"在南方丘陵山区推广轻便、耐用、低耗中小型耕种收和植保机械，推进丘陵山区主要粮油作物和特色农产品生产机械化"，并且着重提出要"在长江中下游地区重点普及水稻育插秧机械化技术，加快推进水稻生产全程机械化"。在"十二五"的开局之年，《全国农机化发展第十二个五年规划》中将南方丘陵山区细分成南方低缓丘陵区和西南丘陵山区，进一步强调要在南方低缓丘陵区"重点发展水稻机械化，努力提高水稻栽植与机械化水平"；在西南丘陵山区"强力推进主要粮油作物机械化，重点推广轻便、耐用、低耗的中小型耕种收机械和植保机械"。该规划的出台，进一步夯实了南方丘陵山地水稻机械化发展的政策支持，提出了明确的发展方向与技术突破点。

　　易中懿等（2009）对南方丘陵山区的定义进行了明确，是指南方地区丘陵山地面积占国土面积比例超过 60% 的省份。符合这一定义的省（区、市）有浙江（69.09%）、福建（78.58%）、江西（68.25%）、湖北（61.03%）、湖南（61.25%）、广东（60.96%）、广西（72.93%）、四川（91.90%）、贵州（95.66%）、云南（92.20%）、重庆（75.33%）。该区域耕地面积、农作物总播种面积、水稻播种面积分别占全国总面积的33.55%、37.76%、64.86%。该区域2011年粮食总产量、稻谷产量分别占全国总产量的32.55%、62.09%。可见南方丘陵山区在我国农业中具有重要的战略地位，对于保障粮食安全具有重要的作用。然而，该地区耕地条件禀赋差，农机化发展长期滞后，截至2012年年底，该区域水稻综合机械化水平仅为58.46%，随着国家工业化与城镇化的进一步发展，农村劳动力大量转移到第二、第三产业，农业劳动力的老龄化与女性化趋势越来越严峻，严重威胁到该地区的农业生产安全。因此，积极推进南方丘陵山地农机化，尤其是水稻生产机械化的进程，对于减轻该地区农民劳动强度、增加农民收入，保障我国农业的健康有序发展与粮食安全具有重要的战略意义。

著 者

2017 年 10 月

目　录

第1章
概　述

1.1 南方丘陵山区农机化发展制约因素

我国南方丘陵山区除云南和贵州以玉米为主外，其他9省（自治区、直辖市）都是以水稻为主要粮食作物，该地区水稻种植面积占三大粮食作物总面积的68%，其中水稻耕地机械化水平为76.64%，种植（包括播、插、栽）机械化水平为7.35%，收获机械化水平为48.10%，耕种收综合机械化水平为46.79%（2011年中国农机化统计年鉴）。南方丘陵山区水稻种植机械化之所以没能很好地发展，主要有以下制约因素：①丘陵山地土地资源禀赋差，地块小，坡度大，耕地过于分散。②耕地基础建设差，机耕道和水利设施等基础设施不完备。③种植结构复杂，间作、套作模式各异，农作物熟制不一致。④适宜农机具少，由于我国农机化遵循先平原后山区，先旱地后水田的发展思路，所以丘陵山区的农机装备技术研发进展较慢。⑤农机化公共服务能力差，基层农机推广部门普遍存在人员、经费、设备不足，导致工作效率低下，另外农机售后服务跟不上农机消费步伐。⑥农机社会化服务能力较弱，很大一部分农机都是家庭自用，订单作业、跨区作业等规模小，更谈不上有组织、有规划地进行农机社会化服务。⑦农民受教育年限

1

少，农民难以掌握先进农机具操作、养护、经营等知识，因此农民购机意愿低。⑧农民收入低，购机能力不足，其次户均耕地少，种植业收入非常小，农机化所能带来的经济利益非常有限。⑨人口密度大，劳动力转移不够，使得大量劳动力滞留农村从事农业生产，这与农机化发展是矛盾的。⑩政府扶持力度有限，农村金融支持也有待加强。（易中懿等，2009；祝华军等，2007；刘宗鑫等，2007；Chenjian et al.，2003；吴伟军，2009；陈霓，2007。）

1.2 农业技术需求研究

1.2.1 技术需求的影响因素

农业技术是实现农业现代化的必备条件，对促进农民增收、农业增效有重要的作用。王景旭等（2010）利用 Probit 模型研究了影响病虫害防治技术需求的主要因素，认为户人均收入、务农人口比例、水稻种植面积、信息来源渠道、种植水稻态度和地形地貌自然禀赋等因素对农户是否产生技术需求具有显著影响。Marcelo 等（2017）分析了农户对农田信息系统技术需求的影响因素。Abate 等（2016）认为农民收入水平是影响农业技术需求的关键因素。Arslan 等（2017）认为农业生产模式与气候条件影响了坦桑尼亚农业技术需求。Carter 等（2016）认为为农户提供指数保险可促进农民采用先进农业生产技术。Mengistu 等（2016）对 179 户采用沼气技术的农户与 179 户未采用沼气技术的农户进行对照分析，认为农民教育水平、养殖规模、收入水平等对技术采用具有正向促进作用。Gebrezgabher 等（2015）对荷兰 111 户奶牛养殖户采用粪便分离技术的意愿进行调研，认为农民的年龄和教育水平及农场的规模是影响粪便分离技术需求的重要因素。Hunecke 等（2017）研究了社会资本对采用灌溉技术与灌溉调度技术的影响，认为网络资源和相互信任对两项技术的采用具有正向促进作用。牟爱州（2016）运用二元 Logistic 回归模型对小麦种植大户农业新技术需求意愿及其影响因素进行实证分析，认为农民认知水平、适度规模经营、补贴力度、农业社会化服务体系对扩大农业新技术的推广范围及应用效率具有促进作用。宋金田和祁春节（2013）通过 Logistic 模型分析了

交易成本对农户农业技术需求的影响，形成技术需求契约的交易成本
是影响农户农业技术需求的重要因素。李剑等（2013）认为合作经济
组织能够持续有效地改善农户技术需求，但其改善效应呈"先升后降"
的变化趋势。

1.2.2 技术需求的过程研究

朱萌等（2015）对苏南地区 395 户水稻种植大户进行调研，发现
了对新品种、病虫害防治技术、测土配方施肥技术、机械化作业技术
需求高的农户特征。张雪薇等（2014）研究发现农户需求最迫切的农
业技术是优质与高产兼顾的新品种，其次是测土配方肥料和低毒低残
留农药，然后是病虫害精准防治技术。何可等（2014）探讨了自我雇
佣型农村妇女对农业废弃物基质化产业技术的需求意愿，发现对增产
型技术、劳动节约型技术、现代管理技术有迫切需求的自我雇佣型农
村妇女占比分别为 60.2%、56.7%、38.4%。Drastig 等（2016）通过持
续记录的德国主要作物从 1902—2010 年灌溉用水量，发现了不同作物
对灌溉用水量的变化规律，从而预测未来灌溉用水量需求。Bai 等（2017）
从食品安全角度出发，诠释了动物追踪技术需求。王浩和刘芳（2012）
以广东省油茶种植产业为例，运用 Logistic 模型分析了农户对油茶种植
过程中病虫害防治技术需求、施肥技术需求、农机使用技术需求的产
后加工技术需求规律。喻永红和张巨勇（2009）基于湖北省的调查数据，
通过建立 Logistic 模型分析了农户在水稻生产中采用有害生物综合治理
技术的意愿。关俊霞等（2007）对南方农户主要农作物的技术需求进
行了实地调查，发现新品种、省工技术和病虫害防治技术是农户需求
最迫切的技术，尤其是新品种。

1.3 农机选型研究

1.3.1 以大田适应性试验进行农业机器选型

魏延富等（2005）针对 3 种不同播种机在 3 种不同地表覆盖状况
下进行田间播种适应性试验，得到了播种质量、种子覆土状况、播种
后亮籽情况、机具通过性的技术性指标，综合分析 3 种机具的性价比
及各自在不同地块条件下的综合适应性。陈传强等（2013）通过对花

生联合收割机进行田间试验采集适应性、作业质量、经济效果等方面的指标,综合评比花生联合收割机的优劣。薛振彦(2011)通过田间试验对马铃薯收获机的适应性进行评价,试验主要测试伤薯率、损失率、工作效率、用户主观感受等方面的指标,从主观上给出各机型的优劣排序及改进方案。刘晓波和宋娟(2010)针对 3 种播种机分别进行了玉米、大豆和花生的田间播种试验,测试了作业质量、作业效率、机器可靠性等方面的指标,然后对比分析各机型的优劣,据此给出播种机的选型方案。

1.3.2 利用理论分析的方法进行农业机器选型

Witney(1988)认为农机选型时应对农机装备的作业性能、人体工程学、工作环境、噪声与振动、安全防护性能以及机具价格等信息进行综合分析,才能选出更适用的机具。Dewangan 等(2010)随机测量了印度东北地区男性农民身高与体重,然后利用人机工程学理论,对印度广泛使用的手扶式农业机械进行选型,从而使农民能更安全与舒适的使用农机。Robertoes 等(2014)随机调查了印尼爪哇与马都拉地区农民的身高、体表面积,然后基于人机工程理论,从使用方便性与安全性两个方面对手扶式农机进行选型。陈聪和曹光乔(2013a,2013b)以农业机器田间转移的受力情况为基础,利用理论力学中的力与力矩平衡理论分别建立了手扶式插秧机与稻麦联合收割机在梯田间转移的受力模型,计算出在不同坡度条件下,插秧机与收割机外形尺寸与重量大小的极限值,从而得到在丘陵山区极端耕地条件下的农业机器选型方案。王旭和魏清勇(2000)以理论公式与实践经验为基础,统筹分析海拔高度、地块大小与垄长、地形坡度、耕作制度、土壤质地、作物结构、土壤压实度对拖拉机作业的影响,确定了黑龙江农垦地区拖拉机的选型方案。梁斌(2012)提出插秧机的选型须在严格遵从使用条件前提下,再考虑性价比优势的原则性。夏晓东(1983)在相似理论与模型试验理论的基础上,运用正交试验设计方法进行试验,然后利用多元线性回归分析法估计出相似物理模型,确定不同土壤条件下如何选配刚性轮的经验方案。在此基础上,黄海波(1984)通过对相似函数和数理统计中独立作用和交互作用函数形式的分析, 提出了借助少量试验，辅之统计分析合理选择主要参量和有量纲常数的一般原则和方法。陆贵清等（2014）剖析近年来湖州的油菜生产现状及机械化生产所存在的问题，并结合多年农机技术推广经验对目前常用的几种油菜栽植机械进行性能与作业适应性分析，提出合适的油菜栽植机械选型。杨国军和王强（2008）根据丘陵地区的地理环境和气候条件的实际，从收获机械的品牌、机型、功率、喂入方式和行走装置类型等主要技术参数进行对比分析，给出丘陵地区稻麦收割机的选型建议。

1.3.3 利用综合评判法进行农业机器选型

Waris 等（2014）从节能、作业效率、环保、安全与舒适性、经济性等方面建立建筑机械的评价指标体系，并通过面向不同类型的建筑商进行问卷调研，采集用户对不同指标的重视程度，从而确定不同指标的权重系数，最终确立建筑机械的综合评判框架，可为决策者选购机械提供决策支持。颜筱红（2011）基于相似理论构建农机选型的评价指标体系，并通过专家打分确定指标的权重系数，然后根据计算备选机型的贴近度确定机器的优先序。周庆元（2010）提出运用支持向量机和模糊神经网络对农机进行组合优化选型；通过建立碾米机的评价指标体系，运用组合评价方法实现选型分析。付强等（2003）将投影寻踪（PP）与实数编码的遗传算法（RAGA）相结合，应用到农业机械的选型与优序关系研究中，通过寻求各种机型评价指标的最佳投影方向，将高维数据转换成一维投影指标值，实现对机器样本的分类与排序，从而克服了以往二阶模糊综合评判法及灰色系统评价法中权重取值的人为因素，取得了良好的效果。杨雪娇等（2014）在农机综合评判选型方法的基础上引入数据包络概念，以 C2R 模型为基础，构建农机设备优选评价模型。张衍（2012）提出一种采用模糊贴近度的评判方法，有效实现农业机械的分类评判。通过建立评判集中每个评判元素的评判因素集，然后通过判别待评判的农业机械评价指标因素集与评判因素集的贴近度，判别农业机械的所属类别。

1.3.4 利用专家决策支持系统进行农业机器选型

鲍一丹和何勇（2001）采用多媒体技术，将系统分析、预测和辅助决策与数据库技术有机地结合起来，实现了数据库和模型库的互联，在 windows 环境下开发了一个农业机械多媒体决策支持系统。Lazzari 和 Mazzetto（1996）开发了一套智能决策支持系统可帮助用户进行农业机械的选购，用户只需输入农场的轮作制度及各作物的农艺制度，系统可自动给出所有环节机械的型号、大小与数量。Parmar 等（1996）开发了一套智能决策支持系统，当用户输入农场种植情况后，系统运用遗传算法自动搜索现有相关作业机组备选，然后系统的决策模块对所有机组进行综合评判分析，从而备选机组中选出最适合用户的作业机组。祝欣荣等（2009）设计了基于 Web 的农业机器选型智能决策支持系统。用户只需输入自己农场的基本情况即可自动获取由机器选型方案。高洪伟和何瑞银（2011）以农业智能系统 PAID4.0 为平台，将计算机技术和稻麦收获机械选型的专家经验知识相结合，在综合考虑功率和可靠性等因素的前提下给出备选机型，计算单位作业成本，为用户提供决策支持。Mehta 等（2011）针对印度拖拉机选型需求，开发了一套智能决策支持系统，用户输入农田参数与作物参数，可计算出需要的工作宽度，并确定拖拉机马力。

1.4 农机优化配备研究

1.4.1 经验配备法

经验配备法常用于区域性农业机械化发展规划中的农业机械配备（陈聪等，2013）。通常以市面上保有量最多机具的作业能力为计算单元，简单估算完成规定作业量需要配备的机具量（陈忠慧，1993）。胡义心（2016）以宁夏地区家庭农场劳动力数量为依据，根据经验提出了适合家庭农场的玉米生产机器配备方案。乔西铭（2007）利用机组生产率法确定拖拉机的配备量。徐秀英（2013）以经营规模和农业机械单机生产能力为依据提出了南方家庭农场农机配备的思路。曹兆熊（2010）根据动力机械与作业机具配套经验比，提出了沿海滩涂的农业机器配套方案。杨宛章（2013）提出"农机装备配置合理度"和"适宜农机装备占有率"的经验公式，用于指导农机装备机构优化。邓习树和李自光（2002）通过总作业量、机组的生产率以及可作业天数来确定机组配备量。张宗毅和曹光乔（2012）利用数据包络法测算出农机效率，以效率大小寻找农机装备结构中存在的问题，从而提出优化方向。樊国奇等（2015）以作业量和机器效率为依据，对不同生态环境烟叶生产全程机械化农机进行了优化配置。刘树鹏（2013）利用层次分析法提出了农机优化配置的思路。

1.4.2 最优化方法

Hunt（1964）最早提出了基于最小成本为目标的农机线性规划法。线性规划法综合考虑了作业时间、作业量、机器生产率及适时性损失等因素，因而能取得较为满意的配备结果（韩宽襟等，1989）。天气的变化及其引起的土壤变化，使得机器配备结果的准确性难以保障（Edwards 和 Boehlje，1980）。现有关于农业机器系统优化的文献中应用了天气变量的研究不多，部分以年为单位进行静态预估（Toro 和 Hansson，2004a，2004b）。Whitson（1981）等在考虑天气条件情况下，运用线性规范法对得克萨斯州某农场粮食作物生产机器系统进行优化配备。张威等（2014）采用线性规划法建立以最小成本为目标函数、作业量和作业机时为约束条件的数学模型。潘迪和陈聪（2013）则提出了基于整数线性规划的农机装备优化配置模型。Bochtis 等（2014）针对智能农机的快速普及，提出传统农机经营规划必须补充新的规划特点，如路径规划和顺序的任务调度。

Sogaard 等（1996）提出了一个非线性规划模型，该模型综合考虑了固定成本及所有可变成本，马力等（2010）在非线性规划的基础上提出了整数非线性规划的农机系统优化配备模型。Reet 和 Jüri（2014）在线性规划法的基础上，构建了非线性随机模型，可帮助农户提高适收期预测的准确度。还有部分文献应用最优化方法测算了农机寿命、评估农机合理作业期、农机调配等。Chenarbon 等（2011）应用非线性规划估计了拖拉机的最经济使用寿命。Edwards（1980）提出了农业适时性损失的测算方法，曹锐（1986）在该模型的基础上，分别考虑了一次、二次作物产量函数，提出了不同产量函数下适时作业期限合理延迟天数的确定方法,以及依据作物产量函数计算适时性损失的方法。王金武(2004)、王金武和杨广林(2004)利用该方法测算了东北地区水稻机械化作业的适时性损失。在此基础上,乔金友(2016)等提出了农田最佳作业期的合理分布。张璠等(2012)应用线性规划法构建了农机调配模型,设计了基于启发式优先级规则的农机调配算法。曹锐(1986)提出了不同产量函数下适时作业期限合理延迟天数的确定方法,以及依据作物产量函数计算适时性损失的方法。Seyyedhassan等(2013)在最小费用尺寸法的基础上,综合考虑机具固定成本、可变成本及适时性损失,对印度玉米收获农业机器系统机械优化配备。吴才聪等(2013)构建了基于时间窗的农机资源时空调度数学模型,农田与农机资源的匹配与调度应用需求。还有部分文献在农机优化配备理论基础上开发了决策支持系统(Sahu 与 Raheman,2008;马力等,2011)。徐诗阳(2016)基于多 Agent 开发了农机系统控制模型,可进行仿真分析。

第2章
农业机械化发展环境

　　农业机械化发展受到农民收入水平、农村劳动力结构、耕地经营情况、耕地自然条件、农业种植结构等因素的影响，为了揭示南方丘陵山区农业机械化发展存在的问题，找出主要制约因素，探明农业机械化发展路线，本章对南方丘陵山区农业机械化发展宏观环境进行深入分析。

2.1 南方丘陵山区农村社会经济现状

2.1.1 南方丘陵山区农民收入

　　南方丘陵山区经济发展不平衡，可划分为3个等级：第一，沿海地区的浙江、广东、福建，该地区农村经济发展快，农民收入高；第二，中南地区的湖北、湖南、江西，该地区农村经济在全国处于中游，农民收入略低于全国平均水平；第三，西南地区的四川、重庆、贵州、云南、广西壮族自治区（全书简称广西），该地区农村经济处于全国下游，农民收入低。详见表2-1。

表 2-1　2011 年南方丘陵山区农民人均收入

（单位：元）

地区	纯收入	工资性收入	家庭经营纯收入	财产性收入	转移性收入
全　国	6977.29	2963.43	3221.98	228.57	563.32
浙　江	13070.69	6721.32	4981.76	555.70	811.91
福　建	8778.55	3889.54	4094.78	291.47	502.75
江　西	6891.63	2994.49	3421.42	111.52	364.19
湖　北	6897.92	2703.05	3731.34	84.45	379.08
湖　南	6567.06	3240.81	2725.20	112.19	488.86
广　东	9371.73	5854.68	2498.11	490.43	528.51
广　西	5231.33	1820.37	3007.93	41.22	361.80
重　庆	6480.41	2894.53	2748.25	139.67	697.96
四　川	6128.55	2652.46	2761.69	140.38	574.02
贵　州	4145.35	1713.52	1980.21	59.50	392.13
云　南	4721.99	1138.55	2966.18	218.99	398.27
地区平均	6961.64	3195.18	3075.63	199.80	491.02

数据来源：《2012 年中国统计年鉴》

如表 2-1 所示，南方丘陵山区农民人均收入 6 961.64 元，比全国平均水平低 15.65 元，最高的为浙江省 13 070.69 元，比全国平均水平高 6 093.4 元，最低的为贵州省 4 145.35 元，比全国平均水平低 2 831.94 元，除浙江、广东、福建 3 个省农民纯收入较高外，其他地区均处于全国平均线以下。如果剔除浙江、广东、福建 3 个发达省份的数据，其他地区农民年均纯收入仅为 5 909.63 元，比全国平均水平低 1 067.66 元。说明南方丘陵山区大部分地区农民收入低，农业生产资料购买力低。

家庭经营纯收入（主要由第一、第二、第三产业经营收入组成）仅为 3 075.63 元，比全国平均水平低 146.35 元，由于浙江、福建两省经济发展较均衡，山区第二、第三产业较发达，对农民家庭经营性收入贡献较大，因此，两省家庭经营性收入分别达到 4 981.76 元和 4 094.78 元，远远高于全国平均水平 3 221.98 元。如果剔除浙江、福建两省份的数据，则南方丘陵山区家庭经营性收入仅为 2 865.43 元，比全国平均水平低 356.55 元。说明南方丘陵山区农业产出低，农业生产效益不高，农民在农业生产中的产出投入比较低。

南方丘陵山区农民工资性收入为 3 195.78 元，比全国平均水平高 231.75 元，但是浙江、广东两省工业高度发达，农民较易获得比较高的工资，两省农民平均工资性收入达到 6 721.32 元和 3 889.54 元，远高于其他南方丘陵山区省份和全国平均水平，如果剔除掉浙江、广东两省数据，则南方丘陵山区其他地区农民工资性收入为 2 510.40 元，比全国平均水平低 453.03 元。

2.1.2 南方丘陵山区农村劳动力

南方丘陵山区农民文化水平较低，文盲人数达到农民总数的 5.6%，小学文化程度人数达到农民总数的 30.4%，初中文化程度为农民总数的 49.8%，高中及以上文化程度的仅为 14.3%。小学文化及以下劳动力人数比例比全国平均水平高 4 个百分点，初中文化程度的劳动力人数比例比全国平均水平低 3 个百分点，高中及以上文化程度的劳动力人数比例比全国平均水平低 1 个百分点，详见图 2-1。

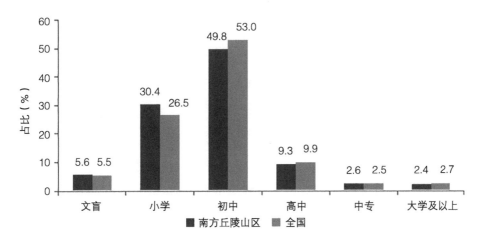

图 2-1 南方丘陵山区农村劳动力文化水平与全国对照

数据来源：《2012 年中国农村统计年鉴》

如表 2-2 所示，南方丘陵山区从事农业生产的劳动力只有 41.37%，大部分劳动力外出打工或从事家庭经营等其他工作，而且还有相当一部分务农者同时在户籍地周边打工或经营，而且随着我国经济快速发展与城镇化的稳步推进,农业劳动力占比将持续减少。如浙江、福建、广东、湖北、重庆等经济较发达地区农业劳动力比例明显低于其他地区。

表 2-2　南方丘陵山区农村劳动力从业情况

地区	总劳动力 (万人)	外出务工 (万人)	从事家庭经营 (万人)	从事第一产业 (万人)	从事第一产业 比例(%)
浙江	2300.5	685.6	1337.1	596	25.91
福建	1603.7	595.7	919.3	572.2	35.68
江西	1835.6	815.2	984.8	706.3	38.48
湖北	2288.6	999	1243.4	854.4	37.33
湖南	3274.2	1351	1894.1	1368	41.78
广东	3170.6	1147.4	1823.5	1169.2	36.88
广西	2605.4	884.6	1699.3	1346.3	51.67
重庆	1468.6	814.8	661.7	530.5	36.12
四川	4113.2	2015.3	2097.3	1645.8	40.01
贵州	2126.1	738.9	1404.2	914.4	43.01
云南	2283.5	537.3	1736.5	1496.5	65.54
合计	27070	10584.8	15801.2	11199.6	41.37

数据来源:2011 年全国农村经营管理统计资料

2.2.3 南方丘陵山区耕地流转

在家庭联产承包责任制基础上,已经基本完成对家庭承包耕地使用权确权发证,耕地使用权属于承包人。通过农户耕地使用权自愿流转,使外出打工者可以心无旁骛工作,种田能手或农业生产企业等大户可以扩大生产规模,实现耕地资源的优化配置,从而促进耕地适度规模经营与机械化发展。截至 2011 年年底,全国家庭承包耕地流转总面积达到 2.3 亿亩(1 亩 ≈ 667 平方米),占家庭承包经营耕地总面积的 17.97%。

表 2-3　南方丘陵山区耕地流转情况

地区	家庭承包地流转面(亩)	家庭承包地总面积(亩)	流转率 (%)
浙江	7778673	19289806	40.33
福建	2955381	15296220	19.32

地区	家庭承包地流转面积（亩）	家庭承包地总面积（亩）	流转率（%）
江西	4536828	31337150	14.48
湖北	6658082	45111627	14.76
湖南	10899204	46101786	23.64
广东	7184507	27884538	25.77
广西	3452457	33644059	10.26
重庆	7724695	20234424	38.18
四川	10743522	58406499	18.39
贵州	3598218	25415826	14.16
云南	4536735	41471204	10.94
合计	70068302	364193139	19.24

数据来源：2011 年全国农村经营管理统计资料

如表 2-3 所示，2011 年南方丘陵山区家庭承包耕地流转面积为 0.7 亿亩，占家庭承包经营耕地总面积的 19.24%，高于全国平均水平 1.27%。流转率较高的主要集中在几个经济较发达及劳务输出较多的省份。

表 2-4　南方丘陵山区农户耕地经营规模情况

地区	10 亩以下（万户）	10～30 亩（万户）	30～50 亩（万户）	50～100 亩（万户）	100～200 亩（万户）	200 亩以上（万户）
浙江	1126.6	9.1	2.2	1.6	0.9	0.5
福建	719.7	19.7	2.4	0.5		
江西	763.8	62.4	9.0	2.2	0.6	0.1
湖北	940.6	121.8	13.8	6.0	0.6	1.5
湖南	1330.0	124.7	20.9	6.8	0.6	
广东	1301.5	43.8	7.8	2.4	0.7	0.8
广西	1300.7	85.9	18.4	5.2	2.3	0.6
重庆	681.1	30.7	3.4	0.9	0.3	0.2
四川	1900.7	103.5	13.6	2.2	5.2	1.0
贵州	838.9	50.9	10.9	2.1	0.8	
云南	870.4	78.5	9.0	2.9	0.4	
合计	11774	731	111.4	32.8	12.4	4.7

由表 2-4 可以看出，耕地经营面积为 10 亩以下的农户数占总农户数的 92.96%，10～30 亩的占 5.77%，30～50 亩的占 0.88%，50～100 亩的占 0.26%，100～200 亩的占 0.1%，200 亩以上的占 0.04%。

2.2 南方丘陵山区自然环境

2.2.1 南方丘陵山区地形条件

南方丘陵山区地形复杂，地势崎岖，机具作业难度大、转移危险性高，是农机化发展最大的制约因素。南方丘陵山区地形详见图2-2、表2-5。

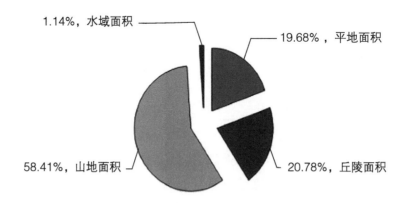

图 2-2　南方丘陵山区地形结构

数据来源：人地系统主题数据库

如表2-5及图2-2所示，南方丘陵山区平地面积（包括滩地、平地、冈台、谷底）比例为19.68%，其中滩地、平地、岗（台）、谷底面积比例分别为占总平地面积的2.71%、39.01%、26.81%、31.48%；丘陵面积比例为20.78%；山地面积（包括山地、裸地、冰川）比例为58.41%，其中山地、裸地、冰川面积分别占总山地面积的97.37%、1.58%、1.05%、1.95%；水域面积为1.41%。

表 2-5　南方丘陵山区地形条件

地区	土地面积（万亩）	平地面积小计比例（%）	滩地面积比例（%）	平地面积比例（%）	岗(台)地面积比例（%）	谷地面积比例（%）	丘陵面积比例（%）	山地面积小计比例（%）	山地面积（%）	裸地面积（%）	冰川面积（%）	水域面积（%）
浙江	14955.08	29.48	0.32	21.65	2.17	5.34	47.28	21.81	21.81	0.00	0.00	1.43
福建	18158.56	20.96	1.39	8.49	1.67	9.41	30.88	47.70	47.70	0.00	0.00	0.46
江西	25506.48	28.79	0.62	6.73	8.43	13.01	20.65	47.60	47.60	0.00	0.00	2.96

续表

地区	土地面积（万亩）	平地面积小计比例（%）	滩地面积比例（%）	平地面积比例（%）	岗(台)地面积比例（%）	谷地面积比例（%）	丘陵面积比例（%）	山地面积小计比例（%）	山地面积（%）	裸地面积（%）	冰川面积（%）	水域面积（%）
湖北	27756.28	36.49	2.04	19.26	8.62	6.56	22.19	38.84	38.82	0.03	0.00	2.47
湖南	31414.33	36.71	0.68	9.90	17.80	8.33	17.74	43.51	43.41	0.10	0.00	2.05
广东	28140.99	34.55	1.62	8.65	11.55	12.73	38.82	22.14	22.14	0.00	0.00	4.49
广西	35284.90	26.56	0.30	5.27	10.70	10.29	26.34	46.59	46.59	0.00	0.00	0.51
四川	84565.90	8.06	0.07	4.93	0.49	2.58	17.99	73.91	68.14	3.51	2.27	0.03
贵州	26196.11	4.32	0.00	2.45	0.26	1.61	7.70	87.96	87.96	0.00	0.00	0.03
云南	56486.34	7.62	0.00	4.76	0.20	2.66	9.35	82.85	82.09	0.36	0.39	0.18

数据来源：人地系统主题数据库

南方丘陵山区山地面积最大，其次是丘陵、平地、水域。但是各省具体分布差异非常大，选择表2-5中滩地、平地、岗（台）、谷底、丘陵、山地、裸地、冰川、水域面积数据，将数据导入SPSS中进行聚类分析得树状图如图2-3所示。

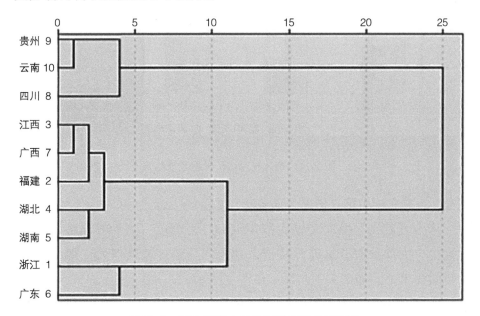

图2-3　南方丘陵山区地形数据聚类树状图

根据地形结构的差异可将南方丘陵山区划分为三大区，分别是西南地区的贵州、云南、四川、重庆；中东部的江西、广西、福建、湖北、湖南；沿海的浙江、广东。西南地区平地、丘陵、山地及水域面积占土地总面积的比例分别为 7.33%、13.46%、79.13%、0.08%；中东部平地、丘陵、山地及水域面积占土地总面积的比例分别为 30.54%、23.10%、44.66%、1.70%；沿海平地、丘陵、山地及水域面积占土地总面积的比例分别为 32.79%、41.76%、22.03%、3.43%，3 个分区地形结构对比情况详见图 2-4。西南地区主要以山地为主，平地非常少，水域面积较少，因此该地区大部分以坡地为主，梯田面积较小，水稻种植面积小；中东部山地与平地较多，丘陵较少、水域面积较大，因此该地区耕地条件较西南地区好，水稻种植面积大；沿海两省以平地和低缓丘陵为主，山地较少，但水域面积大，水资源丰富，该区域耕地条件好，适宜种植水稻，发展农机化的基础条件好。

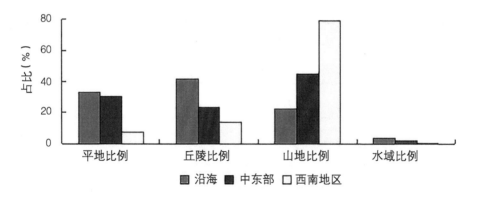

图 2-4　南方丘陵山区分区地形结构

2.2.2　南方丘陵山区农田基础条件

南方丘陵山区共有耕地面积 4 663.02 万公顷，除少部分耕地位于平地上，大部分都开垦在丘陵或山地上，开垦地坡度越大，则耕地宽度与面积越小，如图 2-5 所示。

图 2-5 左灰色实体模型代表山体，坡上水平切割部分代表在山体上开挖的水田；图右为田块的截面示意图，水平线代表田，竖直线代表山体切割成的田埂，虚线为开垦前的坡面，θ 为山体的坡度。如图 2-5 左所示，在坡度为 θ 的山地上开垦水田，由于坡地为了保持山体稳定，

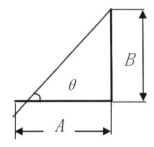

图 2-5　坡耕地示意图

防止山体滑坡等事故的发生，对开挖的高度B有一定的上限。

假设田埂高度B一定，则田块宽度A与坡度θ的关系可用式（2-1）表示：

$$A = B \cdot \cot\theta \qquad\qquad (2-1)$$

由式（2-1）可知，坡度θ越大，则田块的宽度A越小，田块的面积也越小，机具在田块中的灵活性会大大降低，操作难度增大。

而当坡度θ一定时，开挖高度B在安全范围内与田块宽度A的关系可用式（2-2）表示：

$$B = A \cdot \tan\theta \qquad\qquad (2-2)$$

由式（2-2）可知，田埂高度B与田块宽度A成正比，如果为了增强机具在田块中灵活性，降低操作难度，把田块宽度加宽，则会使田埂高度变高，从而使机具在田间的转移难度加大，危险性变高。南方丘陵山区由于平地面积少，人口众多，粮食生产压力大，历史上开垦了大量的坡耕地，虽然部分条件较为恶劣的已经退耕还林，但仍存在着大量的坡耕地，或为梯田，或为旱坡地，已成为农机化推广工作难以突破的瓶颈。南方丘陵山区耕地情况详见表2-6。

表2-6　南方丘陵山区各省市耕地坡度等级划分

（单位：%）

省（市）	≤2° 耕地比例	2°～6° 耕地比例	6°～15° 耕地比例	15°～25° 耕地比例	>25° 耕地比例
浙江	64.14	9.31	10.66	9.89	6.00
福建	35.55	24.71	23.66	14.04	2.04
江西	36.47	36.73	12.26	8.42	6.12
湖北	45.67	17.53	14.97	12.17	9.66

续表

省（市）	≤ 2° 耕地比例	2° ～ 6° 耕地比例	6° ～ 15° 耕地比例	15° ～ 25° 耕地比例	>25° 耕地比例
湖南	34.35	32.89	21.76	9.06	1.95
广东	69.73	15.98	10.00	3.49	0.81
广西	45.39	28.90	13.54	8.41	3.77
重庆	4.72	15.83	31.96	31.37	16.12
四川	16.43	16.01	33.62	24.22	9.72
贵州	5.75	13.22	31.13	30.37	19.53
云南	11.70	13.03	28.62	33.67	12.99
地区合计	30.48	19.58	22.46	18.54	8.94

数据来源：人地系统主题数据库

由表 2-6 可知，南方丘陵山区 2° 及以下坡度耕地比例，2° ～6° 坡度耕地比例，6° ～15° 坡度耕地比例，15° ～25° 坡度耕地比例，25° 以上坡度耕地比例分别为 30.48%、19.58%、22.46%、18.54%、8.94%，大坡度的耕地面积大，15° 以上耕地面积为 1 249 801.6 万公顷，占总耕地面积的 27.48%。各省份耕地的坡度情况差异很大，按照地形结构分区分别计算耕地坡度如图 2-6 所示。

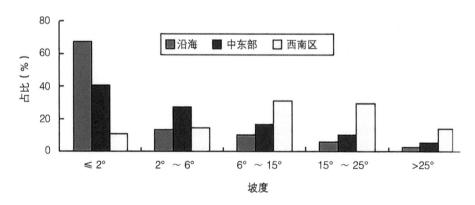

图 2-6　南方丘陵山区分区耕地坡度情况

数据来源：人地系统主题数据库

沿海地区 6° 以下坡度耕地比例达到 80.73%，耕地平坦，发展农机化的基础条件好；中东部 6° 以下坡度耕地比例为 68.21%，耕地较平，易于发展农机化的耕地面积较大；而西南区 6° 以下坡度耕地比例仅为

25.32%，15° 以上坡度耕地比例达到 43.43%，耕地条件差，发展农机化的难度大。因此，在推进南方丘陵山区农机化发展的过程中，应充分考虑当地耕地条件，因地制宜的发展农机化，才能事半功倍的完成既定目标。

2.3 南方丘陵山区种植结构

南方丘陵山区是我国重要的粮油糖麻菜种植基地，在我国农业生产中具有极其重要的地位，对我国顺利实施"粮袋子""菜篮子"工程具有战略意义。2011 年南方丘陵山区粮食作物播种面积为 3 681.82 万公顷，油料作物播种面积为 668.02 万公顷，糖料作物播种面积为 164.97 万公顷，烟叶播种面积为 117.27 万公顷，蔬菜播种面积为 961.28 万公顷，棉花播种面积为 80.52 万公顷，麻类作物播种面积为 90.5 万公顷，分别占全国同类作物总播种面积的 33.30%、48.21%、84.69%、80.24%、48.95%、15.98%、76.48%。其中播种面积排名前 5 的作物分别是水稻（1962.91 万公顷）、玉米（574.18 万公顷）、薯类（508.81 万公顷）、油菜（497.89 万公顷）、小麦（323.60 万公顷）。上述 5 类主要作物播种面积近年来的变化情况详见表 2-7。

表 2-7　南方丘陵山区主要农作物播种面积变化情况

（单位：万 hm^2）

年份	水稻	小麦	玉米	薯类	油菜
2003	1547.37	340.53	448.42	476.65	348.09
2004	1986.01	329.02	491.56	528.77	423.01
2005	2008.61	337.30	505.69	541.90	432.75
2006	2001.89	341.55	505.42	566.98	422.13
2007	1931.38	336.56	515.11	449.43	346.24
2008	1944.94	325.05	526.31	465.34	419.82
2009	1970.96	324.18	547.08	490.57	476.73
2010	1961.75	323.04	562.70	500.82	490.17
2011	1962.91	323.60	574.18	508.81	497.89

数据来源：2004—2012 年中国统计年鉴

由表 2-7 可知，南方丘陵山区玉米与油菜播种面积稳步增长；小麦则在近 4 年中出现缓慢减少的情况；水稻播种面积基本保持稳定，薯类面积则在恢复性增长。

由于自然条件差异大，南方丘陵山区各省种植结构也有很大的差异，详见表2-8。

表2-8 2011年南方丘陵山区各省市种植结构

（单位：%）

省市	水稻	小麦	玉米	豆类	薯类	花生	油菜	甘蔗
浙江	36.33	2.95	1.26	5.05	3.93	0.77	6.97	0.46
福建	36.98	0.12	1.86	3.52	10.99	4.36	0.51	0.40
江西	60.47	0.20	0.47	2.81	2.48	2.88	9.89	0.26
湖北	25.42	12.65	6.86	2.38	3.79	2.40	14.25	0.10
湖南	48.40	0.48	3.89	2.04	3.01	1.42	13.89	0.17
广东	42.45	0.02	3.79	1.69	7.25	7.31	0.15	3.51
广西	34.66	0.02	9.44	2.81	3.97	2.99	0.26	18.20
重庆	20.11	4.05	13.68	6.58	21.05	1.48	5.75	0.10
四川	20.99	13.16	14.25	4.61	12.67	2.70	10.08	0.20
贵州	13.57	5.13	15.69	6.25	18.17	0.77	9.74	0.24
云南	16.10	6.57	21.13	8.62	9.51	0.73	4.09	4.60

数据来源：2012年中国统计年鉴

浙江省播种面积排名前5的主要农作物依次是：水稻、油菜、豆类、薯类、小麦；福建省依次是：水稻、薯类、花生、豆类、玉米；江西省依次是：水稻、油菜、豆类、花生、薯类；湖北省依次是：水稻、油菜、小麦、玉米、薯类；湖南省依次是：水稻、油菜、玉米、薯类、豆类；广东省依次是：水稻、薯类、花生、玉米、甘蔗；广西壮族自治区依次是：水稻、甘蔗、玉米、薯类、花生；重庆市依次是：薯类、水稻、玉米、豆类、油菜、小麦；四川省依次是：水稻、玉米、花生、薯类、油菜；贵州省依次是：薯类、玉米、水稻、油菜、豆类；云南省依次是：玉米、水稻、薯类、豆类、小麦。西南四省旱作物播种面积比例高，水稻种植份额小，而其他省份则是水稻占绝大多数，旱作物播种面积少。

第3章
基于 Google earth 的我国南方丘陵山区耕地坡度与面积分布研究

耕地资源禀赋条件是南方丘陵山区农业机械化发展最主要的制约因素，其中耕地坡度与面积决定了农业机械能否顺利田间转移与下地作业，科学获取南方丘陵山区耕地坡度与面积分布情况，是开展南方丘陵山区农机选型与效率研究的关键。

3.1 技术方案

为快速批量获取南方丘陵山区耕地地块面积与坡度信息，采取技术方案如下。

（1）对地形按照一定标准进行分类，然后在南方丘陵山区典型省份选择典型地貌，作为研究样本。

（2）对选择出的典型区域在 Google Maps 上截取样本区域内遥感影像，所有截图的起止经度差和纬度差相同，以便于横向比较分析。

（3）将所截图件在 ArcGIS 中通过控制点进行投影坐标系校正，统一采用 WGS 1984 坐标系。

（4）在 ArcGIS 中通过影像人工判读方法勾勒出地块边界并矢量化，获取边界点的经纬度数据。

（5）基于 C# 和 Google Earth API 接口，开发高程批量采集软件。

（6）将地块边界点经纬度数据导入高程采集软件，批量采集地块边界点高程数据。

（7）将地块边界点的经纬度和高程数据导入 ArcGIS，创建地表 tin 模型，并进行坡度分析，坡度分析时输出像元为 2 米 ×2 米。

（8）将坡度图由栅格文件转换为带坡度属性的点文件，并对地块边界图和具有坡度属性的高程点图进行叠加空间分析，得到带坡度属性、地块编号属性和地块面积属性的点文件。

（9）将点文件数据导出，计算每个地块的平均坡度、地面面积（正射投影面积 /$\cos\theta$，θ 是指地块平均坡度），为进一步分析做好基础数据准备。

具体技术路线见图 3-1。

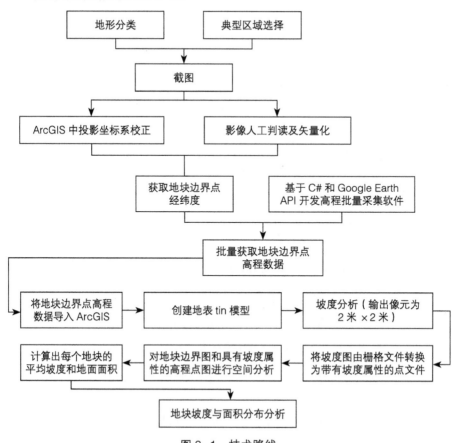

图 3-1 技术路线

3.2 样本采集

3.2.1 分层抽样采集方案

将全国南方丘陵山区分为西南丘陵山区、中部丘陵山区、沿海丘陵山区三大区域，其中西南丘陵山区选择四川、贵州，中部丘陵山区选择湖南、湖北，沿海丘陵山区选择广东、广西、浙江，每个省（自治区）按照山地、深丘、浅丘、平原或平坝 4 类地形进行选点（地形分类标准见表 3-1），每个省每类地形选择 2 个区域使用 global mapper 软件进行截图，每张图约为 5 平方千米，共 7 个省 56 张图，涉及国土面积约 280 平方千米。截图后，按照前述技术方案对每张图进行处理，获得每张图上所有地块的边界点经纬度和高程信息，并计算每个地块的坡度、面积，为进一步坡度与面积分布分析做好准备。

表 3-1　地形分类标准

地貌	定义	每省选样数量
高山地	10 平方千米范围内山脉起伏 200 米以上	5 平方千米区域两块
深丘	10 平方千米范围内山脉起伏 100~200 米	5 平方千米区域两块
浅丘	10 平方千米范围内山脉起伏 30~100 米	5 平方千米区域两块
平原（坝）	10 平方千米范围内山脉起伏 30 米以下	5 平方千米区域两块

3.2.2 采集样本基本情况

将 56 张截图在 ArcGIS 中进行投影坐标系校正处理后，通过勾勒地块边界共勾勒出 193 958 块耕地，通过 ArcGIS 获得地块边界点的经纬度，将地块边界点经纬度数据文件经高程采集软件处理，得到地块边界点高程。这 56 张截图的基本情况见表 3-2。

表 3-2　样本基本情况

图件编号	地址	地块数量（块）	最小纬度（°）	最大纬度（°）	最小经度（°）	最大经度（°）	最小高程（m）	最大高程（m）
scp1	绵竹市铜瓦村	5388	104.1668	104.1870	31.2491	31.2693	551	588
scp2	青白江区龙王乡	6012	104.2838	104.3039	30.7517	30.7717	467	497
scq1	巴州区八家坪村	3552	107.0373	107.0575	31.9440	31.9642	437	808
scq2	安县神农会	3665	104.4841	104.5043	31.5429	31.5630	543	619
scs1	通江县方金石湾	6217	107.2269	107.2470	31.8658	31.8860	366	757
scs2	朝天区上柿子坝	3648	105.8974	105.9175	32.5837	32.6038	727	1138

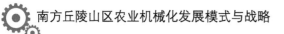

图件编号	地址	地块数量（块）	最小纬度（°）	最大纬度（°）	最小经度（°）	最大经度（°）	最小高程（m）	最大高程（m）
scgs1	万源市大河口	822	108.1060	108.1262	31.9650	31.9851	617	1073
scgs2	马尔康县德纳	596	102.1902	102.2104	31.9086	31.9284	2616	3708
gzp1	平坝县鸡关哨	2270	106.4867	106.5069	26.3585	26.3786	1207	1308
gzp2	西秀区叶家坪寨村	4848	105.8685	105.8887	26.2663	26.2864	1428	1485
gzq1	遵义县施家坝村	6652	106.9384	106.9586	27.8928	27.9129	873	1241
gzq2	万山区茶店镇	1230	109.1230	109.1431	27.5683	27.5884	646	792
gzs1	大方县青岗脚	2577	105.8000	105.8203	27.4757	27.4957	1094	1573
gzs2	桐梓县南草台	4530	106.8197	106.8399	28.0634	28.0835	982	1272
gzgs1	晴隆县坟上村	1856	105.1811	105.2012	25.7915	25.8116	1042	1423
gzgs2	金沙县蒉芝湾	2504	105.7983	105.8185	27.6303	27.6504	635	1221
hnp1	南县均安村	2017	112.3005	112.3207	29.1136	29.1337	27	33
hnp2	澧县白羊村	1118	111.7888	111.8090	29.6148	29.6349	34	40
hnq1	湘潭马家洲	1401	112.7597	112.7798	27.4824	27.5024	72	145
hnq2	娄星区谭山村	4299	112.0482	112.0684	27.6783	27.6984	96	176
hns1	花垣县平年村	1950	109.6435	109.6636	28.3749	28.3950	289	775
hns2	茶陵县鼓石村	1777	113.6974	113.7175	26.8904	26.9105	121	282
hngs1	永顺奢长岗村	1130	110.3027	110.3228	28.9998	29.0198	338	687
hngs2	城步县上排村	3382	110.1312	110.1514	26.3192	26.3392	948	1587
hbp1	荆州陈家山	3825	112.0203	112.0404	30.4676	30.4877	35	44
hbp2	麻城周岩村	8826	114.9616	114.9817	30.9511	30.9712	44	77
hbq1	宜昌长湖大队	4242	111.4850	111.5053	30.5650	30.5852	104	202
hbq2	钟祥市白树屋场	5015	112.0748	112.0949	31.4530	31.4731	104	168
hbs1	恩施市下村坝村	2271	109.3486	109.3687	30.2069	30.2270	748	1123
hbs2	保康安家湾村	1869	110.9040	110.9242	31.6788	31.6989	689	1056
hbgs1	神农架烧虎子垭	1244	110.8587	110.8789	31.6855	31.7056	550	1336
hbgs2	五峰县新庙子	1471	110.9506	110.9707	30.2411	30.2607	672	1219
gdp1	茂南区章教山村	7260	110.8884	110.9085	21.5706	21.5907	4	21
gdp2	遂溪县湾州村	4910	110.2820	110.3021	21.4024	21.4225	4	33
gdq1	电白县天星村	2717	111.3018	111.3219	21.5995	21.6196	23	150
gdq2	丰顺县大江坝	4537	116.1848	116.2050	23.7842	23.8043	25	136
gds1	连平县东罗村	1900	114.3869	114.4071	24.2105	24.2307	142	360
gds2	蕉岭县高乾村	722	116.0850	116.1052	24.5528	24.5729	91	192
gdgs1	新丰县岳城村	3599	114.2330	114.2527	24.0818	24.1019	161	314
gdgs2	从化市三家村	2254	113.7485	113.7687	23.6663	23.6852	94	459
gxp1	邕宁区那旺村	9316	108.5553	108.5755	22.6042	22.6243	88	120
gxp2	铁山港区红旗村	3437	109.3751	109.3952	21.5352	21.5553	12	31
gxq1	鹿寨县大良	2248	109.8310	109.8512	24.4717	24.4918	95	151
gxq2	金城江江田	1496	107.9252	107.9436	24.7351	24.7551	204	628

续表

图件编号	地址	地块数量(块)	最小纬度(°)	最大纬度(°)	最小经度(°)	最大经度(°)	最小高程(m)	最大高程(m)
gxs1	资源县铜座村	4587	110.7432	110.7640	26.1328	26.1529	731	1098
gxs2	天峨县纳林村	4070	107.0577	107.0778	25.1434	25.1635	327	620
gxgs1	隆林县东瓜树	6979	105.3418	105.3619	24.4998	24.5173	1191	1473
gxgs2	龙胜山茶村	6360	110.0877	110.1078	25.8899	25.9101	358	802
zjp1	龙游县大田畈村	3532	119.0208	119.0409	29.0365	29.0566	58	80
zjp2	桐乡市路家园村	4590	120.4767	120.4970	30.5752	30.5953	4	12
zjq1	江山市杨道塘	4940	118.4572	118.4775	28.6543	28.6744	139	201
zjq2	诸暨市包村	2100	120.4272	120.4474	29.8712	29.8913	23	219
zjs1	仙居县刘山村	3187	120.4695	120.4940	28.5451	28.5659	695	1083
zjs2	桐庐县歌舞村	551	119.4049	119.4251	29.7656	29.7803	438	714
zjgs1	景宁县白鹤村	949	119.6813	119.7013	27.8031	27.8233	565	862
zjgs2	青田县白垟巷村	6130	120.0832	120.1034	28.3816	28.4007	160	420

图件编号规则为：①头两个字母为该省级区域汉语拼音首字母，如"zj"表示浙江、"sc"表示四川；②第3至第4个字母表示地形类别，"p"表示平原、"q"表示浅丘、"s"表示深丘、"gs"表示高山地；③最后的数字表示该省该类地形的第几个图件。如 scgs2 表示来自四川高山地的第2张截图

3.3 数据分析

3.3.1 样本坡度、面积分布基本情况

通过坡度分析及叠加空间分析等处理，得到采集56个图件所覆盖区域耕地地块面积和坡度分布数据，基本情况见表3-3。由于坡度分析时输出像元为2米×2米，因此部分面积小于4平方米或者宽度小于2米的地块在坡度分析时将存在丢失，不能进行坡度分析，从表3-3可以看出，丢失地块所占比例较低，最高仅有3.53%，因此不对整个分析造成太大误差。从地块面积来看，56个图件中有45个的地块平均面积小于1亩（666.67平方米）；同时同一图件上的单个地块面积差异较大，所有图件地块面积变异系数均大于0.7，大于1的有46个；从坡度来看，56个图件中平均坡度小于等于2°的有10个图件，大于2°小于等于6°的有17个图件，大于6°小于等于15°的有18个图件，大于15°小于等于25°的有11个图件，25°以上的图件数为0。此外，同一图件上的单个地块坡度差异相对较小，所有图件坡度变异系数大于1的只有5个。

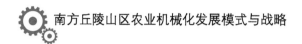

表 3-3 地块面积、坡度分布基本情况

图件编号	丢失地块数量（块）	丢失地块所占比例	地块面积			坡度		
			平均面积（m²）	标准差（m²）	变异系数	平均坡度（°）	标准差（°）	变异系数
scp1	37	0.69%	542.26	389.68	0.72	1.09	0.95	0.87
scp2	52	0.86%	394.47	613.80	1.56	1.97	1.03	0.52
scq1	11	0.31%	546.09	450.77	0.83	13.89	5.66	0.41
scq2	43	1.17%	539.36	551.18	1.02	5.38	3.09	0.57
scs1	94	1.51%	198.61	194.38	0.98	10.44	5.34	0.51
scs2	19	0.52%	175.00	262.34	1.50	17.96	5.19	0.29
scgs1	7	0.85%	787.66	1206.74	1.53	14.09	6.69	0.47
scgs2	0	0.00%	1008.79	973.82	0.97	24.07	6.18	0.26
gzp1	26	1.15%	695.59	830.31	1.19	4.29	3.12	0.73
gzp2	24	0.50%	419.50	387.22	0.92	2.54	1.74	0.69
gzq1	30	0.45%	223.60	251.14	1.12	14.99	9.96	0.66
gzq2	20	1.63%	540.88	603.49	1.12	8.04	4.97	0.62
gzs1	6	0.23%	692.85	1107.72	1.60	18.93	7.93	0.42
gzs2	41	0.91%	395.76	712.06	1.80	9.77	4.03	0.41
gzgs1	12	0.65%	698.68	1202.67	1.72	13.71	6.14	0.45
gzgs2	29	1.16%	565.60	795.28	1.41	14.29	6.92	0.48
hnp1	13	0.64%	1507.84	1542.48	1.02	0.68	0.44	0.65
hnp2	9	0.81%	2673.96	4036.15	1.51	0.77	0.48	0.62
hnq1	23	1.64%	584.53	576.51	0.99	4.57	2.38	0.52
hnq2	46	1.07%	508.79	1164.36	2.29	14.86	18.87	1.27
hns1	12	0.62%	195.90	253.35	1.29	18.58	8.27	0.45
hns2	24	1.35%	283.34	766.76	2.71	6.47	3.65	0.56
hngs1	41	3.63%	328.44	403.96	1.23	16.07	6.67	0.42
hngs2	35	1.03%	158.62	313.44	1.98	15.89	5.37	0.34
hbp1	35	0.92%	768.89	2250.75	2.93	1.00	0.56	0.56
hbp2	1	0.01%	256.74	276.50	1.08	1.89	0.84	0.44
hbq1	50	1.18%	536.91	566.68	1.06	2.98	1.92	0.64
hbq2	22	0.44%	619.68	785.36	1.27	4.03	2.56	0.64
hbs1	29	1.28%	409.95	418.45	1.02	17.25	9.22	0.53
hbs2	7	0.37%	583.26	961.69	1.65	13.28	5.27	0.40
hbgs1	18	1.45%	410.16	467.50	1.14	18.50	5.47	0.30
hbgs2	0	0.00%	295.22	288.66	0.98	14.45	6.62	0.46
gdp1	23	0.32%	288.88	311.30	1.08	1.14	0.72	0.63
gdp2	6	0.12%	507.53	905.22	1.78	2.27	1.31	0.58
gdq1	5	0.18%	581.53	633.42	1.09	3.22	2.84	0.88

续表

图件编号	丢失地块数量（块）	丢失地块所占比例	地块面积			坡度		
			平均面积（m²）	标准差（m²）	变异系数	平均坡度（°）	标准差（°）	变异系数
gdq2	160	3.53%	221.16	338.61	1.53	5.13	3.70	0.72
gds1	17	0.89%	987.66	1925.21	1.95	5.17	5.75	1.11
gds2	11	1.52%	466.46	664.77	1.43	7.20	5.56	0.77
gdgs1	27	0.75%	177.49	429.53	2.42	5.41	3.83	0.71
gdgs2	25	1.11%	196.20	157.64	0.80	2.55	2.65	1.04
gxp1	45	0.48%	233.11	294.38	1.26	3.04	1.59	0.52
gxp2	11	0.32%	1026.22	1254.45	1.22	1.29	0.79	0.61
gxq1	6	0.27%	563.22	694.75	1.23	3.96	5.28	1.33
gxq2	12	0.80%	564.89	523.44	0.93	4.18	7.75	1.85
gxs1	94	2.05%	187.08	418.43	2.24	12.52	4.81	0.38
gxs2	39	0.96%	416.42	1287.48	3.09	11.82	5.91	0.50
gxgs1	81	1.16%	136.27	207.18	1.52	16.19	6.26	0.39
gxgs2	13	0.20%	77.79	148.87	1.91	19.02	5.45	0.29
zjp1	48	1.36%	743.69	1231.96	1.66	1.36	1.05	0.77
zjp2	70	1.53%	568.30	1232.22	2.17	0.87	0.54	0.62
zjq1	26	0.53%	470.14	431.26	0.92	3.55	1.77	0.50
zjq2	14	0.67%	606.37	739.36	1.22	2.77	2.08	0.75
zjs1	74	2.32%	199.27	210.94	1.06	16.22	5.76	0.36
zjs2	15	2.72%	593.90	1095.19	1.84	11.79	6.63	0.56
zjgs1	30	3.16%	159.53	241.28	1.51	12.25	5.30	0.43
zjgs2	89	1.45%	141.14	243.21	1.72	10.93	5.94	0.54

3.3.2 西南丘陵山区坡度、面积分布情况

3.3.2.1 平原（坝）

将 scp1、scp2、gzp1、gzp2 四个图件的地块信息汇总共 18 379 块耕地，通过对这 18 379 块耕地的坡度和面积信息进行分析，以弄清西南丘陵山区平原（坝）耕地资源面积与坡度分布情况。

地块数量汇总情况见表 3-4。可以看出，从地块累计数量（同一分布区间所有地块数量累计和）来看：对于西南丘陵山区省份的平原（坝）区域，①单块耕地坡度主要集中在 6° 以下，6° 以下的地块数量占总量的 96.04%；②单块耕地面积主要集中在 1 亩以下，1 亩以下的地块数量占 77.87%；③6° 以下并且 1 亩以上的地块数量仅占总量的 21.01%。

表3-4　西南丘陵山区省份平原（坝）区域地块数量分布

（单位：%）

单块耕地面积	≤ 2°	2° ~ 6°	6° ~ 15°	15° ~ 25°	25° 以上	合计
≤ 0.5 亩	27.79	20.74	1.67	0.10	0.00	50.30
0.5 ~ 1 亩	17.73	8.78	1.05	0.01	0.01	27.57
1 ~ 1.5 亩	8.54	2.93	0.55	0.00	0.01	12.02
1.5 ~ 2 亩	3.66	1.31	0.23	0.01	0.00	5.21
2 ~ 2.5 亩	1.50	0.58	0.10	0.00	0.00	2.18
2.5 ~ 3 亩	0.64	0.35	0.07	0.01	0.00	1.06
3 ~ 3.5 亩	0.28	0.26	0.07	0.00	0.00	0.61
3.5 ~ 4 亩	0.20	0.10	0.02	0.00	0.00	0.33
4 ~ 4.5 亩	0.07	0.05	0.03	0.00	0.01	0.16
4.5 ~ 5 亩	0.08	0.04	0.00	0.00	0.00	0.13
5 亩以上	0.22	0.18	0.03	0.00	0.00	0.44
合计	60.72	35.32	3.82	0.13	0.02	100.00

地块面积汇总情况见表3-5。可以看出，从地块累计面积（同一分布区间所有地块面积累计和）来看：西南丘陵山区省份的平原（坝）区域，①单块耕地坡度主要分布在6°以下，6°以下的地块面积占总面积的95.11%；②单块耕地面积主要分布在1亩以上，1亩以上的地块累计面积占总面积的54.15%；③6°以下并且1亩以上的地块累计面积占总面积的51.01%。

表3-5　西南丘陵山区省份平原（坝）区域地块面积累计分布

（单位：%）

单块耕地面积	≤ 2°	2° ~ 6°	6° ~ 15°	15° ~ 25°	25° 以上	合计
≤ 0.5 亩	10.41	7.35	0.66	0.04	0.00	18.46
0.5 ~ 1 亩	17.81	8.54	1.03	0.01	0.01	27.39
1 ~ 1.5 亩	14.31	4.90	0.91	0.00	0.01	20.14
1.5 ~ 2 亩	8.68	3.12	0.55	0.03	0.00	12.37
2 ~ 2.5 亩	4.60	1.79	0.31	0.00	0.00	6.69
2.5 ~ 3 亩	2.40	1.30	0.27	0.02	0.00	3.99
3 ~ 3.5 亩	1.27	1.17	0.30	0.00	0.00	2.74
3.5 ~ 4 亩	1.04	0.54	0.11	0.00	0.00	1.69
4 ~ 4.5 亩	0.41	0.29	0.20	0.00	0.03	0.92
4.5 ~ 5 亩	0.53	0.29	0.00	0.00	0.00	0.82
5 亩以上	2.29	2.09	0.42	0.00	0.00	4.79
合计	63.75	31.37	4.74	0.10	0.05	100.00

总的来看，对于西南丘陵山区平原（坝）区域，虽然耕地数量以坡度在 6°以下且面积在 1 亩以下的地块为主，6°以下并且 1 亩以上的地块数量仅占总量的 21.01%，但坡度在 6°以下且 1 亩以上的地块累计面积所占比例却达到 51.01%。

3.3.2.2 浅丘

将 scq1、scq2、gzq1、gzq2 四个图件的地块信息汇总共 14 995 块耕地，通过对这 14 995 块耕地的坡度和面积信息进行分析，以弄清西南丘陵山区浅丘区域耕地资源面积与坡度分布情况。

地块数量汇总情况见表 3-6。可以看出，从地块累计数量来看：对于西南丘陵山区省份的浅丘区域，①单块耕地坡度主要集中在 15°以下，15°以下的地块数量占总量的 71.48%；②单块耕地面积主要集中在 1 亩以下，1 亩以下的地块数量占 83.21%；③ 15°以下并且 1 亩以上的地块数量仅占总量的 14.12%。

表 3-6　西南丘陵山区省份浅丘区域地块数量分布

（单位：%）

单块耕地面积	≤ 2°	2°～6°	6°～15°	15°～25°	25° 以上	合计
≤ 0.5 亩	1.93	12.33	22.56	12.02	9.20	58.04
0.5～1 亩	1.43	6.86	12.26	4.03	0.60	25.17
1～1.5 亩	0.61	2.68	4.32	1.53	0.10	9.24
1.5～2 亩	0.30	1.29	1.73	0.58	0.02	3.92
2～2.5 亩	0.16	0.51	0.61	0.21	0.01	1.51
2.5～3 亩	0.15	0.38	0.29	0.09	0.01	0.93
3～3.5 亩	0.07	0.21	0.11	0.06	0.00	0.45
3.5～4 亩	0.01	0.11	0.10	0.01	0.00	0.23
4～4.5 亩	0.03	0.11	0.04	0.01	0.00	0.19
4.5～5 亩	0.02	0.03	0.03	0.00	0.00	0.09
5 亩以上	0.01	0.15	0.06	0.03	0.00	0.24
合计	4.71	24.64	42.12	18.57	9.95	100.00

地块面积汇总情况见表 3-7。可以看出，从地块累计面积来看：西南丘陵山区省份的浅丘区域，①单块耕地坡度主要分布在 15°以下，15°以下的地块面积占总面积的 81.00%；②单块耕地面积在 1 亩以上

的地块累计面积略小于1亩以下的，1亩以上的地块累计面积占总面积的47.91%；③ 15°以下并且1亩以上的地块累计面积占总面积的40.73%。

表3-7 西南丘陵山区省份浅丘区域地块面积累计分布

（单位：%）

单块耕地面积	≤ 2°	2°～6°	6°～15°	15°～25°	25°以上	合计
≤ 0.5亩	0.85	5.50	9.77	4.44	2.04	22.61
0.5～1亩	1.70	8.09	14.36	4.68	0.66	29.48
1～1.5亩	1.22	5.33	8.65	3.10	0.20	18.50
1.5～2亩	0.85	3.67	4.93	1.65	0.06	11.15
2～2.5亩	0.58	1.86	2.24	0.79	0.05	5.53
2.5～3亩	0.69	1.74	1.27	0.42	0.06	4.18
3～3.5亩	0.36	1.11	0.60	0.32	0.00	2.39
3.5～4亩	0.09	0.66	0.63	0.08	0.00	1.45
4～4.5亩	0.23	0.76	0.28	0.05	0.00	1.32
4.5～5亩	0.16	0.26	0.26	0.00	0.00	0.68
5亩以上	0.06	1.64	0.59	0.40	0.00	2.70
合计	6.79	30.63	43.58	15.93	3.07	100.00

总的来看，对于西南丘陵山区浅丘区域，虽然耕地数量以坡度在15°以下且面积在1亩以下的地块为主，15°以下并且1亩以上的地块数量仅占总量的14.12%，但15°以下且1亩以上的地块累计面积所占比例则达到40.73%。

3.3.2.3 深丘

将scs1、scs2、gzs1、gzs2四个图件的地块信息汇总共16 812块耕地，通过对这16 812块耕地的坡度和面积信息进行分析，以弄清西南丘陵山区深丘区域耕地资源面积与坡度分布情况。

地块数量汇总情况见表3-8。可以看出，从地块累计数量来看：对于西南丘陵山区省份的深丘区域，①单块耕地坡度主要集中在15°以下，15°以下的地块数量占总量的63.05%；②单块耕地面积主要集中在1亩以下，1亩以下的地块数量占90.03%；③ 15°以下并且1亩以上的地块数量仅占总量的6.40%。

表 3-8　西南丘陵山区省份深丘区域地块数量分布

（单位：%）

单块耕地面积	≤ 2°	2° ～ 6°	6° ～ 15°	15° ～ 25°	25° 以上	合计
≤ 0.5 亩	0.46	7.02	38.72	25.66	3.29	75.15
0.5 ～ 1 亩	0.12	1.86	8.46	3.75	0.68	14.88
1 ～ 1.5 亩	0.02	0.50	2.70	1.06	0.25	4.53
1.5 ～ 2 亩	0.02	0.19	1.08	0.58	0.11	1.98
2 ～ 2.5 亩	0.01	0.10	0.49	0.34	0.12	1.05
2.5 ～ 3 亩	0.01	0.05	0.35	0.20	0.07	0.68
3 ～ 3.5 亩	0.01	0.07	0.16	0.12	0.02	0.39
3.5 ～ 4 亩	0.00	0.01	0.12	0.13	0.02	0.29
4 ～ 4.5 亩	0.01	0.01	0.10	0.05	0.02	0.18
4.5 ～ 5 亩	0.00	0.01	0.09	0.05	0.05	0.20
5 亩以上	0.00	0.07	0.23	0.27	0.10	0.66
合计	0.66	9.89	52.50	32.20	4.75	100.00

地块面积汇总情况见表 3-9。可以看出，从地块累计面积来看：西南丘陵山区省份的深丘区域，①单块耕地坡度主要分布在 15° 以下，15° 以下的地块面积占总面积的 62.96%；②单块耕地面积在 1 亩以上的地块累计面积略小于 1 亩以下的，1 亩以上的地块累计面积占总面积的 47.21%；③ 15° 以下并且 1 亩以上的地块累计面积占总面积的 27.56%。

表 3-9　西南丘陵山区省份深丘区域地块面积累计分布

（单位：%）

单块耕地面积	≤ 2°	2° ～ 6°	6° ～ 15°	15° ～ 25°	25° 以上	合计
≤ 0.5 亩	0.21	3.20	16.96	9.92	1.20	31.48
0.5 ～ 1 亩	0.18	2.73	12.12	5.30	0.98	21.31
1 ～ 1.5 亩	0.06	1.23	6.74	2.66	0.61	11.31
1.5 ～ 2 亩	0.09	0.68	3.83	2.09	0.39	7.07
2 ～ 2.5 亩	0.03	0.48	2.23	1.57	0.54	4.84
2.5 ～ 3 亩	0.03	0.30	2.00	1.16	0.41	3.91
3 ～ 3.5 亩	0.08	0.48	1.09	0.79	0.16	2.60
3.5 ～ 4 亩	0.00	0.09	0.98	1.01	0.19	2.28
4 ～ 4.5 亩	0.05	0.10	0.83	0.43	0.21	1.62
4.5 ～ 5 亩	0.00	0.06	0.87	0.47	0.53	1.92
5 亩以上	0.00	0.96	4.26	4.72	1.72	11.66
合计	0.73	10.32	51.91	30.12	6.93	100.00

总的来看，对于西南丘陵山区深丘区域，虽然耕地数量以坡度在 15° 以下且面积在 1 亩以下的地块为主，15° 以下并且 1 亩以上的地块数量仅占总量的 6.40%，但 15° 以下且 1 亩以上的地块累计面积所占比例仍然有 27.56%。

3.3.2.4 高山区

将 scgs1、scgs2、gzgs1、gzgs2 四个图件的地块信息汇总共 5 730 块耕地，通过对这 5 730 块耕地的坡度和面积信息进行分析，以弄清西南丘陵山区深丘区域耕地资源面积与坡度分布情况。

地块数量汇总情况见表 3-10。可以看出，从地块累计数量来看：对于西南丘陵山区省份的高山区域，①单块耕地坡度主要集中在 15° 以下，15° 以下的地块数量占总量的 57.73%；②单块耕地面积主要集中在 1 亩以下，1 亩以下的地块数量占 70.28%；③ 15° 以下并且 1 亩以上的地块数量仅占总量的 14.55%。

表 3-10 西南丘陵山区省份高山区域地块数量分布

（单位: %）

单块耕地面积	≤ 2°	2° ～ 6°	6° ～ 15°	15° ～ 25°	25° 以上	合计
≤ 0.5 亩	0.26	1.95	29.01	13.26	4.55	49.04
0.5 ～ 1 亩	0.09	1.45	10.42	6.40	2.88	21.24
1 ～ 1.5 亩	0.07	0.87	4.62	3.28	1.50	10.35
1.5 ～ 2 亩	0.05	0.42	2.18	2.13	0.92	5.71
2 ～ 2.5 亩	0.03	0.24	1.26	1.57	0.47	3.58
2.5 ～ 3 亩	0.05	0.12	0.84	1.26	0.40	2.67
3 ～ 3.5 亩	0.00	0.09	0.91	0.70	0.14	1.83
3.5 ～ 4 亩	0.02	0.09	0.63	0.56	0.12	1.41
4 ～ 4.5 亩	0.00	0.09	0.26	0.31	0.10	0.77
4.5 ～ 5 亩	0.00	0.03	0.31	0.40	0.16	0.91
5 亩以上	0.00	0.16	1.20	0.94	0.19	2.50
合计	0.58	5.51	51.64	30.82	11.45	100.00

地块面积汇总情况见表 3-11。可以看出，从地块累计面积来看：西南丘陵山区省份的高山区域，①单块耕地坡度分布在 15° 以下和 15° 以上几乎各占一半，15° 以下的地块面积占总面积的 51.76%；②单

块耕地面积主要集中在 1 亩以上，1 亩以上的地块累计面积占总面积的 26.00%；③ 15° 以下并且 1 亩以上的地块累计面积占总面积的 36.45%。

表 3-11　西南丘陵山区省份高山区域地块面积累计分布

（单位：%）

单块耕地面积	≤ 2°	2° ～ 6°	6° ～ 15°	15° ～ 25°	25° 以上	合计
≤ 0.5 亩	0.09	0.45	6.62	3.09	1.15	11.41
0.5 ～ 1 亩	0.06	0.97	7.12	4.47	1.97	14.59
1 ～ 1.5 亩	0.08	1.04	5.47	3.92	1.81	12.32
1.5 ～ 2 亩	0.09	0.71	3.65	3.60	1.53	9.58
2 ～ 2.5 亩	0.08	0.52	2.73	3.41	1.03	7.77
2.5 ～ 3 亩	0.14	0.32	2.22	3.32	1.06	7.06
3 ～ 3.5 亩	0.00	0.28	2.85	2.19	0.43	5.75
3.5 ～ 4 亩	0.07	0.32	2.27	2.03	0.46	5.13
4 ～ 4.5 亩	0.00	0.36	1.08	1.29	0.43	3.16
4.5 ～ 5 亩	0.00	0.16	1.45	1.84	0.72	4.17
5 亩以上	0.00	0.94	9.63	6.90	1.58	19.04
合计	0.60	6.08	45.07	36.06	12.18	100.00

总的来看，对于西南丘陵山区高山区域，虽然耕地数量以坡度在 15° 以下且面积在 1 亩以下的地块为主，15° 以下并且 1 亩以上的地块数量仅占总量的 14.55%，但 15° 以下且 1 亩以上的地块累计面积所占比例仍然有 36.45%。

3.3.3 中部丘陵山区坡度、面积分布情况

3.3.3.1 平原（坝）

将 hnp1、hnp2、hbp1、hbp2 四个图件的地块信息汇总共 15 728 块耕地，通过对这 15 728 块耕地的坡度和面积信息进行分析，以弄清中部丘陵山区平原（坝）耕地资源面积与坡度分布情况。

地块数量汇总情况见表 3-12。可以看出，从地块累计数量来看：对于中部丘陵山区省份的平原（坝）区域，①单块耕地坡度主要集中在 6° 以下，6° 以下的地块数量占总量的 99.97%；②单块耕地面积主要集中在 1 亩以下，1 亩以下的地块数量占 73.65%；③ 6° 以下并且 1 亩以上的地块数量仅占总量的 26.35%。

33

表 3-12　中部丘陵山区省份平原（坝）区域地块数量分布

（单位：%）

单块耕地面积	≤ 2°	2° ～ 6°	6° ～ 15°	15° ～ 25°	25° 以上	合计
≤ 0.5 亩	34.70	19.81	0.00	0.00	0.00	54.51
0.5 ～ 1 亩	15.81	3.30	0.01	0.01	0.00	19.14
1 ～ 1.5 亩	8.01	0.88	0.01	0.00	0.00	8.89
1.5 ～ 2 亩	4.98	0.28	0.00	0.00	0.00	5.26
2 ～ 2.5 亩	3.34	0.08	0.00	0.00	0.00	3.43
2.5 ～ 3 亩	2.01	0.04	0.00	0.00	0.00	2.05
3 ～ 3.5 亩	1.57	0.03	0.00	0.00	0.00	1.60
3.5 ～ 4 亩	0.93	0.01	0.00	0.00	0.00	0.94
4 ～ 4.5 亩	0.60	0.03	0.00	0.00	0.00	0.62
4.5 ～ 5 亩	0.52	0.01	0.00	0.00	0.00	0.53
5 亩以上	3.02	0.01	0.00	0.00	0.00	3.03
合计	75.49	24.48	0.02	0.01	0.00	100.00

地块面积汇总情况见表 3-13。可以看出，从地块累计面积来看：中部丘陵山区省份的平原（坝）区域，①单块耕地坡度主要分布在 6° 以下，6° 以下的地块面积占总面积的 99.97%；②单块耕地面积主要分布在 1 亩以上，1 亩以上的地块累计面积占总面积的 75.03%；③6° 以下并且 1 亩以上的地块累计面积占总面积的 75.02%。

表 3-13　中部丘陵山区省份平原（坝）区域地块面积累计分布

（单位：%）

单块耕地面积	≤ 2°	2° ～ 6°	6° ～ 15°	15° ～ 25°	25° 以上	合计
≤ 0.5 亩	7.98	4.11	0.00	0.00	0.00	12.09
0.5 ～ 1 亩	10.74	2.11	0.01	0.01	0.00	12.87
1 ～ 1.5 亩	9.22	0.99	0.01	0.00	0.00	10.21
1.5 ～ 2 亩	8.07	0.45	0.00	0.00	0.00	8.52
2 ～ 2.5 亩	7.00	0.18	0.00	0.00	0.00	7.18
2.5 ～ 3 亩	5.17	0.11	0.00	0.00	0.00	5.28
3 ～ 3.5 亩	4.77	0.09	0.00	0.00	0.00	4.86
3.5 ～ 4 亩	3.25	0.04	0.00	0.00	0.00	3.29
4 ～ 4.5 亩	2.38	0.10	0.00	0.00	0.00	2.47
4.5 ～ 5 亩	2.32	0.03	0.00	0.00	0.00	2.35
5 亩以上	30.82	0.05	0.00	0.00	0.00	30.86
合计	91.71	8.26	0.02	0.01	0.00	100.00

总的来看，对于中部丘陵山区平原（坝）区域，虽然耕地数量以坡度在 6° 以下且面积在 1 亩以下的地块为主，6° 以下并且 1 亩以上的地块数量仅占总量的 26.35%，但坡度在 6° 以下且 1 亩以上的地块累计面积所占比例却高达 75.02%。

3.3.3.2 浅丘

将 hnq1、hnq2、hbq1、hbq2 四个图件的地块信息汇总共 14 816 块耕地，通过对这 14 816 块耕地的坡度和面积信息进行分析，以弄清中部丘陵山区浅丘区域耕地资源面积与坡度分布情况。

地块数量汇总情况见表 3-14。可以看出，从地块累计数量来看：对于中部丘陵山区省份的浅丘区域，①单块耕地坡度主要集中在 6° 以下，6° 以下的地块数量占总量的 75.18%；②单块耕地面积主要集中在 1 亩以下，1 亩以下的地块数量占 74.99%；③ 6° 以下并且 1 亩以上的地块数量仅占总量的 20.72%。

表 3-14　中部丘陵山区省份浅丘区域地块数量分布

（单位：%）

单块耕地面积	≤ 2°	2°～6°	6°～15°	15°～25°	25° 以上	合计
≤ 0.5 亩	10.43	24.49	9.65	1.36	4.38	50.30
0.5～1 亩	5.85	13.69	3.69	0.57	0.88	24.68
1～1.5 亩	2.77	6.13	1.46	0.24	0.38	10.97
1.5～2 亩	1.54	2.96	0.63	0.15	0.11	5.39
2～2.5 亩	0.85	1.57	0.24	0.07	0.08	2.81
2.5～3 亩	0.57	0.95	0.23	0.03	0.05	1.84
3～3.5 亩	0.43	0.64	0.08	0.01	0.01	1.18
3.5～4 亩	0.32	0.52	0.08	0.01	0.03	0.95
4～4.5 亩	0.18	0.22	0.03	0.01	0.02	0.45
4.5～5 亩	0.07	0.10	0.02	0.02	0.01	0.22
5 亩以上	0.35	0.56	0.20	0.08	0.01	1.20
合计	23.35	51.83	16.31	2.54	5.97	100.00

地块面积汇总情况见表 3-15。可以看出，从地块累计面积来看：中部丘陵山区省份的浅丘区域，①单块耕地坡度主要分布在 6° 以下，6° 以下的地块面积占总面积的 80.23%；②单块耕地面积主要分布在

1 亩以上，1 亩以上的地块累计面积占总面积的 64.43%；③ 6° 以下并且 1 亩以上的地块累计面积占总面积的 52.96%。

表 3-15　中部丘陵山区省份浅丘区域地块面积累计分布

（单位：%）

单块耕地面积	≤ 2°	2° ～ 6°	6° ～ 15°	15° ～ 25°	25° 以上	合计
≤ 0.5 亩	3.09	7.46	2.64	0.34	1.00	14.52
0.5 ～ 1 亩	5.01	11.71	3.11	0.49	0.73	21.05
1 ～ 1.5 亩	4.02	8.86	2.10	0.34	0.54	15.86
1.5 ～ 2 亩	3.15	6.06	1.30	0.31	0.22	11.03
2 ～ 2.5 亩	2.26	4.14	0.64	0.18	0.22	7.43
2.5 ～ 3 亩	1.86	3.07	0.74	0.10	0.17	5.95
3 ～ 3.5 亩	1.67	2.45	0.32	0.05	0.05	4.54
3.5 ～ 4 亩	1.40	2.31	0.36	0.03	0.12	4.22
4 ～ 4.5 亩	0.89	1.08	0.13	0.03	0.10	2.24
4.5 ～ 5 亩	0.38	0.58	0.11	0.11	0.04	1.22
5 亩以上	3.36	5.42	2.25	0.78	0.12	11.92
合计	27.09	53.14	13.68	2.77	3.32	100.00

总的来看，对于中部丘陵山区浅丘区域，虽然耕地数量以坡度在 6° 以下且面积在 1 亩以下的地块为主，6° 以下并且 1 亩以上的地块数量仅占总量的 20.72%，但坡度在 6° 以下且 1 亩以上的地块累计面积所占比例则高达 52.96%。

3.3.3.3 深丘

将 hns1、hns2、hbs1、hbs2 四个图件的地块信息汇总共 7 795 块耕地，通过对这 7 795 块耕地的坡度和面积信息进行分析，以弄清中部丘陵山区深丘区域耕地资源面积与坡度分布情况。

地块数量汇总情况见表 3-16。可以看出，从地块累计数量来看：对于中部丘陵山区省份的深丘区域，①单块耕地坡度主要集中在 15° 以下，15° 以下的地块数量占总量的 58.77%；②单块耕地面积主要集中在 1 亩以下，1 亩以下的地块数量占 86.48%；③ 15° 以下并且 1 亩以上的地块数量仅占总量的 7.81%。

表 3-16　中部丘陵山区省份深丘区域地块数量分布

（单位：%）

单块耕地面积	≤ 2°	2° ～ 6°	6° ～ 15°	15° ～ 25°	25° 以上	合计
≤ 0.5 亩	2.26	9.29	27.44	19.14	8.49	66.62
0.5 ～ 1 亩	0.90	3.26	7.81	5.64	2.25	19.86
1 ～ 1.5 亩	0.24	0.94	2.86	2.17	0.64	6.85
1.5 ～ 2 亩	0.14	0.35	1.05	0.95	0.28	2.77
2 ～ 2.5 亩	0.06	0.15	0.51	0.51	0.10	1.35
2.5 ～ 3 亩	0.01	0.13	0.35	0.33	0.04	0.86
3 ～ 3.5 亩	0.06	0.04	0.28	0.14	0.06	0.59
3.5 ～ 4 亩	0.01	0.03	0.09	0.15	0.01	0.30
4 ～ 4.5 亩	0.00	0.00	0.12	0.05	0.01	0.18
4.5 ～ 5 亩	0.00	0.03	0.04	0.03	0.01	0.10
5 亩以上	0.00	0.08	0.24	0.17	0.04	0.53
合计	3.69	14.28	40.80	29.29	11.94	100.00

地块面积汇总情况见表 3-17。可以看出，从地块累计面积来看：中部丘陵山区省份的深丘区域，①单块耕地坡度主要分布在 15° 以下，15° 以下的地块面积占总面积的 60.14%；②单块耕地面积半数分布在 1 亩以上，1 亩以上的地块累计面积占总面积的 50.20%；③ 15° 以下并且 1 亩以上的地块累计面积占总面积的 29.88%。

表 3-17　中部丘陵山区省份深丘区域地块面积累计分布

（单位：%）

单块耕地面积	≤ 2°	2° ～ 6°	6° ～ 15°	15° ～ 25°	25° 以上	合计
≤ 0.5 亩	0.93	3.63	10.50	6.41	2.83	24.31
0.5 ～ 1 亩	1.15	4.20	9.84	7.38	2.92	25.50
1 ～ 1.5 亩	0.52	2.07	6.29	4.70	1.42	15.00
1.5 ～ 2 亩	0.44	1.08	3.24	2.96	0.86	8.58
2 ～ 2.5 亩	0.25	0.63	2.06	2.07	0.42	5.42
2.5 ～ 3 亩	0.06	0.63	1.67	1.65	0.18	4.19
3 ～ 3.5 亩	0.37	0.23	1.63	0.81	0.38	3.42
3.5 ～ 4 亩	0.09	0.17	0.59	1.04	0.09	1.97
4 ～ 4.5 亩	0.00	0.00	0.89	0.38	0.10	1.37

续表

单块耕地面积	≤ 2°	2° ～ 6°	6° ～ 15°	15° ～ 25°	25° 以上	合计
4.5～5 亩	0.00	0.21	0.33	0.22	0.11	0.88
5 亩以上	0.00	1.07	5.36	2.51	0.42	9.36
合计	3.81	13.93	42.40	30.14	9.72	100.00

总的来看，对于中部丘陵地区深丘区域，虽然耕地数量以坡度在 15° 以下且面积在 1 亩以下的地块为主，15° 以下并且 1 亩以上的地块数量仅占总量的 7.81%，但 15° 以下且面积在 1 亩以上的地块累计面积所占比例则有 29.88%。

3.3.3.4 高山地

将 hngs1、hngs2、hbgs1、hbgs2 四个图件的地块信息汇总共 7 133 块耕地，通过对这 7 133 块耕地的坡度和面积信息进行分析，以弄清中部丘陵山区高山区域耕地资源面积与坡度分布情况。

地块数量汇总情况见表 3-18。可以看出，从地块累计数量来看：对于中部丘陵山区省份的高山区域，①单块耕地坡度主要集中在 6°～25°，6°～25° 的地块数量占总量的 89.32%；②单块耕地面积主要集中在 1 亩以下，1 亩以下的地块数量占 92.58%；③ 15° 以下并且 1 亩以上的地块数量仅占总量的 3.72%。

表 3-18 中部丘陵山区省份高山区域地块数量分布

（单位: %）

单块耕地面积	≤ 2°	2° ～ 6°	6° ～ 15°	15° ～ 25°	25° 以上	合计
≤ 0.5 亩	0.31	3.21	26.68	43.14	4.49	77.82
0.5～1 亩	0.06	0.95	5.55	7.35	0.86	14.76
1～1.5 亩	0.01	0.29	1.93	1.89	0.20	4.33
1.5～2 亩	0.00	0.10	0.56	0.76	0.07	1.49
2～2.5 亩	0.00	0.06	0.20	0.31	0.00	0.56
2.5～3 亩	0.00	0.04	0.22	0.17	0.00	0.43
3～3.5 亩	0.00	0.00	0.15	0.08	0.00	0.24
3.5～4 亩	0.00	0.01	0.06	0.07	0.01	0.15
4～4.5 亩	0.00	0.01	0.00	0.00	0.00	0.01
4.5～5 亩	0.00	0.00	0.03	0.01	0.00	0.04
5 亩以上	0.00	0.00	0.03	0.13	0.00	0.15

续表

单块耕地面积	≤ 2°	2° ～ 6°	6° ～ 15°	15° ～ 25°	25° 以上	合计
合计	0.38	4.68	35.41	53.90	5.62	100.00

地块面积汇总情况见表 3-19。可以看出，从地块累计面积来看：中部丘陵山区省份的高山区域，①单块耕地坡度主要集中在 6° ～ 25°，6° ～ 25° 的地块面积占总面积的 88.93%；②单块耕地面积主要分布在 1 亩以下，1 亩以下的地块累计面积所占总面积的比例为 65.90%；③ 15° 以下并且 1 亩以上的地块累计面积仅占总面积的 16.23%，25° 以下且 1 亩以上的地块累计面积仅占总面积的 33.01%。

表 3-19　中部丘陵山区省份高山区域地块面积累计分布

（单位：%）

单块耕地面积	≤ 2°	2° ～ 6°	6° ～ 15°	15° ～ 25°	25° 以上	合计
≤ 0.5 亩	0.16	1.57	13.80	21.62	2.52	39.68
0.5 ～ 1 亩	0.09	1.72	10.04	12.79	1.58	26.22
1 ～ 1.5 亩	0.05	0.92	6.09	6.09	0.64	13.78
1.5 ～ 2 亩	0.00	0.46	2.49	3.40	0.32	6.66
2 ～ 2.5 亩	0.00	0.32	1.11	1.78	0.00	3.21
2.5 ～ 3 亩	0.00	0.31	1.60	1.20	0.00	3.12
3 ～ 3.5 亩	0.00	0.00	1.30	0.70	0.00	2.00
3.5 ～ 4 亩	0.00	0.13	0.54	0.68	0.13	1.49
4 ～ 4.5 亩	0.00	0.15	0.00	0.00	0.00	0.15
4.5 ～ 5 亩	0.00	0.00	0.34	0.18	0.00	0.52
5 亩以上	0.00	0.00	0.41	2.76	0.00	3.17
合计	0.30	5.58	37.73	51.20	5.19	100.00

总的来看，对于中部丘陵地区高山区域，耕地数量以 6° ～ 25° 坡度且面积在 1 亩以下的地块为主，该类地块数量所占比例为 82.71%、面积所占比例为 58.26%。地块较细碎、坡度较高。

3.3.4 沿海丘陵山区坡度、面积分布情况

3.3.4.1 平原（坝）

将 zjp1、zjp2、gdp1、gdp2、gxp1、gxp2 六个图件的地块信息汇总共 32 842 块耕地，通过对这 32 842 块耕地的坡度和面积信息进行分

析，以弄清沿海丘陵山区平原（坝）耕地资源面积与坡度分布情况。

地块数量汇总情况见表 3-20。可以看出，从地块累计数量来看：对于沿海丘陵山区省份的平原（坝）区域，①单块耕地坡度主要集中在 6° 以下，6° 以下的地块数量占总量的 98.36%；②单块耕地面积主要集中在 1 亩以下，1 亩以下的地块数量占 82.31%；③ 6° 以下并且 1 亩以上的地块数量仅占总量的 17.62%。

表 3-20　沿海丘陵山区省份平原（坝）区域地块数量分布

（单位：%）

单块耕地面积	≤ 2°	2° ～ 6°	6° ～ 15°	15° ～ 25°	25° 以上	合计
≤ 0.5 亩	35.80	23.06	1.36	0.00	0.00	60.22
0.5 ～ 1 亩	15.51	6.38	0.20	0.00	0.00	22.09
1 ～ 1.5 亩	6.17	1.97	0.04	0.00	0.00	8.17
1.5 ～ 2 亩	3.04	0.70	0.01	0.00	0.00	3.76
2 ～ 2.5 亩	1.48	0.34	0.01	0.00	0.00	1.83
2.5 ～ 3 亩	0.90	0.19	0.00	0.00	0.00	1.09
3 ～ 3.5 亩	0.56	0.08	0.00	0.00	0.00	0.64
3.5 ～ 4 亩	0.37	0.07	0.00	0.00	0.00	0.44
4 ～ 4.5 亩	0.31	0.06	0.00	0.00	0.00	0.37
4.5 ～ 5 亩	0.20	0.02	0.00	0.00	0.00	0.23
5 亩以上	0.95	0.20	0.00	0.00	0.00	1.16
合计	65.29	33.08	1.63	0.00	0.00	100.00

地块面积汇总情况见表 3-21。可以看出，从地块累计面积来看：沿海丘陵山区省份的平原（坝）区域，①单块耕地坡度主要分布在 6° 以下，6° 以下的地块面积占总面积的 99.27%；②单块耕地面积主要分布在 1 亩以上，1 亩以上的地块累计面积占总面积的 57.37%；③ 6° 以下并且 1 亩以上的地块累计面积占总面积的 57.20%。

表 3-21　沿海丘陵山区省份平原（坝）区域地块面积累计分布

（单位：%）

单块耕地面积	≤ 2°	2° ～ 6°	6° ～ 15°	15° ～ 25°	25° 以上	合计
≤ 0.5 亩	12.84	7.33	0.38	0.00	0.00	20.55
0.5 ～ 1 亩	15.53	6.36	0.19	0.00	0.00	22.09
1 ～ 1.5 亩	10.62	3.38	0.06	0.00	0.00	14.06
1.5 ～ 2 亩	7.47	1.72	0.03	0.00	0.00	9.22
2 ～ 2.5 亩	4.69	1.07	0.02	0.00	0.00	5.77

单块耕地面积	≤ 2°	2° ~ 6°	6° ~ 15°	15° ~ 25°	25° 以上	合计
2.5 ~ 3 亩	3.47	0.74	0.01	0.00	0.00	4.22
3 ~ 3.5 亩	2.55	0.38	0.01	0.00	0.00	2.95
3.5 ~ 4 亩	1.96	0.35	0.00	0.00	0.00	2.31
4 ~ 4.5 亩	1.86	0.38	0.00	0.00	0.00	2.24
4.5 ~ 5 亩	1.37	0.16	0.00	0.00	0.00	1.54
5 亩以上	12.13	2.90	0.03	0.00	0.00	15.06
合计	74.49	24.78	0.73	0.00	0.00	100.00

总的来看，对于南方沿海地区平原（坝）区域，虽然耕地数量以坡度在 6° 以下且面积在 1 亩以下的地块为主，6° 以下并且 1 亩以上的地块数量仅占总量的 17.62%，但坡度在 6° 以下且 1 亩以上的地块累计面积所占比例却高达 57.20%。

3.3.4.2 浅丘

将 zjq1、zjq2、gdq1、gdq2、gxq1、gxq2 六个图件的地块信息汇总共 17 815 块耕地，通过对这 17 815 块耕地的坡度和面积信息进行分析，以弄清沿海丘陵山区浅丘区域耕地资源面积与坡度分布情况。

地块数量汇总情况见表 3-22。可以看出，从地块累计数量来看：对于沿海丘陵山区省份的浅丘区域，①单块耕地坡度主要集中在 6° 以下，6° 以下的地块数量占总量的 82.39%；②单块耕地面积主要集中在 1 亩以下，1 亩以下的地块数量占 79.68%；③ 6° 以下并且 1 亩以上的地块数量仅占总量的 17.47%。

表 3-22 沿海丘陵山区省份浅丘区域地块数量分布

（单位：%）

单块耕地面积	≤ 2°	2° ~ 6°	6° ~ 15°	15° ~ 25°	25° 以上	合计
≤ 0.5 亩	15.44	25.69	10.55	0.46	0.14	52.28
0.5 ~ 1 亩	10.11	13.67	3.36	0.16	0.10	27.40
1 ~ 1.5 亩	4.15	5.43	1.30	0.05	0.07	11.00
1.5 ~ 2 亩	1.86	2.19	0.46	0.06	0.03	4.60
2 ~ 2.5 亩	0.99	0.97	0.23	0.03	0.02	2.23
2.5 ~ 3 亩	0.33	0.53	0.17	0.01	0.01	1.04
3 ~ 3.5 亩	0.12	0.26	0.06	0.00	0.00	0.44

单块耕地面积	≤2°	2°～6°	6°～15°	15°～25°	25° 以上	合计
3.5～4 亩	0.04	0.16	0.05	0.01	0.00	0.25
4～4.5 亩	0.04	0.10	0.03	0.01	0.00	0.18
4.5～5 亩	0.02	0.12	0.03	0.00	0.00	0.17
5 亩以上	0.03	0.15	0.21	0.01	0.01	0.40
合计	33.12	49.27	16.46	0.79	0.36	100.00

地块面积汇总情况见表 3-23。可以看出，从地块累计面积来看：沿海丘陵山区省份的浅丘区域，①单块耕地坡度主要分布在 6° 以下，6° 以下的地块面积占总面积的 83.06%；②单块耕地面积近半数分布在 1 亩以上，1 亩以上的地块累计面积占总面积的 47.50%；③6° 以下并且 1 亩以上的地块累计面积占总面积的 42.96%。

表 3-23 沿海丘陵山区省份浅丘区域地块面积累计分布

（单位：%）

单块耕地面积	≤2°	2°～6°	6°～15°	15°～25°	25° 以上	合计
≤0.5 亩	5.99	9.69	3.51	0.15	0.05	19.38
0.5～1 亩	10.43	13.99	3.43	0.17	0.11	28.12
1～1.5 亩	7.27	9.59	2.29	0.09	0.12	19.36
1.5～2 亩	4.59	5.44	1.15	0.15	0.07	11.41
2～2.5 亩	3.15	3.08	0.73	0.09	0.06	7.10
2.5～3 亩	1.27	2.07	0.69	0.02	0.02	4.08
3～3.5 亩	0.55	1.23	0.29	0.00	0.00	2.07
3.5～4 亩	0.21	0.85	0.27	0.03	0.00	1.36
4～4.5 亩	0.27	0.59	0.20	0.04	0.00	1.09
4.5～5 亩	0.15	0.80	0.19	0.00	0.00	1.14
5 亩以上	0.24	1.60	2.87	0.13	0.05	4.89
合计	34.13	48.92	15.61	0.86	0.47	100.00

总的来看，对于南方沿海地区浅丘区域，虽然耕地数量以坡度在 6° 以下且面积在 1 亩以下的地块为主，6° 以下并且 1 亩以上的地块数量仅占总量的 17.47%，但坡度在 6° 以下且 1 亩以上的地块累计面积所占比例却仍然有 42.96%。

3.3.4.3 深丘

将 zjs1、zjs2、gds1、gds2、gxs1、gxs2 六个图件的地块信息汇总共 17 954 块耕地，通过对这 17 954 块耕地的坡度和面积信息进行分析，以弄清沿海丘陵山区深丘区域耕地资源面积与坡度分布情况。

地块数量汇总情况见表 3-24。可以看出，从地块累计数量来看：对于沿海丘陵山区省份的深丘区域，①单块耕地坡度主要集中在 15°以下，15° 以下的地块数量占总量的 62.43%；②单块耕地面积主要集中在 1 亩以下，1 亩以下的地块数量占 90.35%；③ 15° 以下并且 1 亩以上的地块数量仅占总量的 6.08%。

表 3-24 沿海丘陵山区省份深丘区域地块数量分布

（单位：%）

单块耕地面积	≤ 2°	2°～6°	6°～15°	15°～25°	25° 以上	合计
≤ 0.5 亩	2.55	9.25	36.15	27.95	2.14	78.04
0.5～1 亩	1.64	2.26	4.51	3.53	0.38	12.31
1～1.5 亩	0.50	0.58	1.30	0.97	0.13	3.49
1.5～2 亩	0.23	0.43	0.63	0.56	0.08	1.94
2～2.5 亩	0.14	0.14	0.32	0.32	0.04	0.97
2.5～3 亩	0.08	0.09	0.17	0.25	0.03	0.61
3～3.5 亩	0.08	0.02	0.18	0.09	0.03	0.42
3.5～4 亩	0.04	0.04	0.10	0.14	0.04	0.37
4～4.5 亩	0.03	0.03	0.08	0.12	0.02	0.28
4.5～5 亩	0.02	0.07	0.07	0.11	0.01	0.28
5 亩以上	0.05	0.14	0.47	0.55	0.07	1.29
合计	5.37	13.07	44.00	34.59	2.98	100.00

地块面积汇总情况见表 3-25。可以看出，从地块累计面积来看：沿海丘陵山区省份的深丘区域，①单块耕地坡度主要分布在 15° 以下，15° 以下的地块面积占总面积的 60.93%；②单块耕地面积主要分布在 1 亩以上，1 亩以上的地块累计面积占总面积的 43.58%；③ 15° 以下并且 1 亩以上的地块累计面积占总面积的 32.84%。

表 3-25　沿海丘陵山区省份深丘区域地块面积累计分布

（单位：%）

单块耕地面积	≤ 2°	2°～6°	6°～15°	15°～25°	25° 以上	合计
≤ 0.5 亩	1.33	3.58	11.98	9.55	0.87	27.30
0.5～1 亩	2.22	3.02	5.98	4.57	0.50	16.28
1～1.5 亩	1.15	1.32	2.99	2.2	0.33	8.03
1.5～2 亩	0.76	1.41	2.04	1.84	0.28	6.33
2～2.5 亩	0.62	0.60	1.37	1.35	0.19	4.13
2.5～3 亩	0.41	0.50	0.87	1.29	0.14	3.20
3～3.5 亩	0.52	0.14	1.14	0.58	0.21	2.58
3.5～4 亩	0.28	0.32	0.73	1.04	0.28	2.64
4～4.5 亩	0.23	0.27	0.66	0.93	0.13	2.23
4.5～5 亩	0.20	0.60	0.65	0.96	0.10	2.51
5 亩以上	0.94	1.95	10.19	10.73	0.96	24.76
合计	8.63	13.70	38.60	35.09	3.98	100.00

　　总的来看，对于南方沿海地区深丘区域，虽然耕地数量以坡度在 15° 以下且面积在 1 亩以下的地块为主，15° 以下并且 1 亩以上的地块数量仅占总量的 6.08%，但坡度在 15° 以下且 1 亩以上的地块累计面积所占比例却仍然有 32.84%。

3.3.4.4 高山地

　　将 zjgs1、zjgs2、gdgs1、gdgs2、gxgs1、gxgs2 六个图件的地块信息汇总共 26 006 块耕地，通过对这 26 006 块耕地的坡度和面积信息进行分析，以弄清沿海丘陵山区高山地区域耕地资源面积与坡度分布情况。

　　地块数量汇总情况见表 3-26。可以看出，从地块累计数量来看：对于沿海丘陵山区省份的高山地区域，①单块耕地坡度主要集中在 15° 以下，15° 以下的地块数量占总量的 59.19%；②单块耕地面积主要集中在 1 亩以下，1 亩以下的地块数量占 98.27%；③15° 以下并且 1 亩以上的地块数量仅占总量的 1.28%。

表 3-26　沿海丘陵山区省份高山区域地块数量分布

（单位：%）

单块耕地面积	≤ 2°	2° ～ 6°	6° ～ 15°	15° ～ 25°	25° 以上	合计
≤ 0.5 亩	7.49	12.97	32.86	33.44	5.96	92.72
0.5 ～ 1 亩	1.08	1.45	2.06	0.86	0.10	5.55
1 ～ 1.5 亩	0.13	0.23	0.40	0.21	0.04	1.01
1.5 ～ 2 亩	0.00	0.09	0.13	0.07	0.01	0.30
2 ～ 2.5 亩	0.00	0.03	0.10	0.04	0.00	0.18
2.5 ～ 3 亩	0.00	0.01	0.03	0.02	0.01	0.07
3 ～ 3.5 亩	0.00	0.01	0.00	0.02	0.00	0.03
3.5 ～ 4 亩	0.00	0.01	0.02	0.01	0.00	0.03
4 ～ 4.5 亩	0.00	0.01	0.02	0.00	0.00	0.03
4.5 ～ 5 亩	0.00	0.00	0.01	0.00	0.00	0.02
5 亩以上	0.00	0.00	0.05	0.01	0.01	0.07
合计	8.71	14.81	35.67	34.68	6.13	100.00

　　地块面积汇总情况见表 3-27。可以看出，从地块累计面积来看：沿海丘陵山区省份的高山区域，①单块耕地坡度主要分布在 15° 以下，15° 以下的地块面积占总面积的 70.74%；②单块耕地面积主要分布在 1 亩以下，1 亩以上的地块累计面积占总面积的 16.55%；③ 15° 以下并且 1 亩以上的地块累计面积占总面积的 12.50%。

表 3-27　沿海丘陵山区省份高山区域地块面积累计分布

（单位：%）

单块耕地面积	≤ 2°	2° ～ 6°	6° ～ 15°	15° ～ 25°	25° 以上	合计
≤ 0.5 亩	7.55	11.47	24.10	19.12	2.98	65.22
0.5 ～ 1 亩	3.50	4.77	6.85	2.79	0.32	18.23
1 ～ 1.5 亩	0.74	1.34	2.33	1.21	0.25	5.87
1.5 ～ 2 亩	0.03	0.74	1.07	0.61	0.07	2.51
2 ～ 2.5 亩	0.04	0.30	1.10	0.47	0.04	1.95
2.5 ～ 3 亩	0.05	0.10	0.42	0.25	0.11	0.93
3 ～ 3.5 亩	0.00	0.12	0.06	0.30	0.00	0.49
3.5 ～ 4 亩	0.00	0.14	0.28	0.14	0.07	0.62
4 ～ 4.5 亩	0.00	0.24	0.32	0.00	0.00	0.56
4.5 ～ 5 亩	0.00	0.09	0.17	0.09	0.00	0.35
5 亩以上	0.00	0.13	2.68	0.21	0.24	3.27
合计	11.91	19.45	39.39	25.18	4.07	100.00

总的来看，对于南方沿海地区高山地区域，耕地数量以坡度在15°以下且面积在1亩以下的地块为主，15°以下并且1亩以下的地块数量占总量的57.91%，累计面积所占比例为58.25%。

3.4 研究结论

3.4.1 随着地形条件的恶劣，耕地资源占国土面积比例下降

从图3-2可以看出，在西南丘陵山区、中部丘陵山区、沿海丘陵山区三类区域，耕地面积占国土面积比例（后简称耕地资源系数），浅丘比平原（坝）低，深丘比浅丘低，高山地比深丘低。其中，平原地区的耕地资源系数均在50%左右，而四川、贵州等西南丘陵山区高山地耕地资源系数只有19.66%，湖北、湖南等中部丘陵山区和广东、广西、浙江等沿海丘陵山区高山地耕地资源系数分别只有9.13%和11.68%。这表明，耕地资源主要集中在平原和丘陵地区，中部丘陵山区的高山地耕地资源系数甚至只有平原（坝）地区的1/6。因此在南方丘陵山区的农业机械化，应重点考虑平原和丘陵地区的农业机械化。

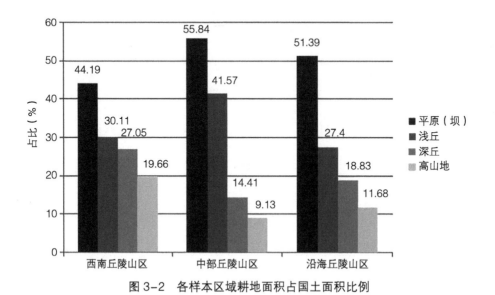

图3-2 各样本区域耕地面积占国土面积比例

3.4.2 随着地形条件的恶劣，耕地禀赋条件下降

从图3-3可以看出，在平原（坝）、浅秋、深秋、高山地4种地形中，面积小于1亩耕地的平均坡度，平原（坝）比浅丘小，浅丘比深丘小，深丘比高山地小，其中平原（坝）面积小于1亩的地块中，坡度小于6°的地块数占总地块数26.5%，浅丘中为8.28%，深丘中为1.98%，高山地中为1.54%。平原（坝）面积小于1亩的地块中，坡度大于15°的地块数占总地块数的0.02%，浅丘中为4.63%，深丘中为4.43%，高山地中为9.28%。一般而言，地块坡度大于15°时，无法利用机器作业，这表明平原（坝）绝大部分地块适合机械化作业，地形条件越恶劣，耕地禀赋条件越差，机械化作业难度越大。

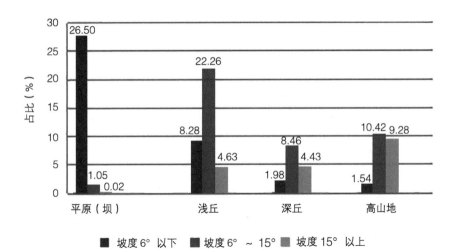

图3-3 西南丘陵山区样本区域面积1亩以下地块数量分布

样本区域耕地资源坡度、面积分布情况见表3-28。

表3-28　样本区域耕地资源坡度、面积分布情况

区域	地形	样本区域耕地面积（万平方米）	占样本区域国土面积比例（%）	0.5～1亩以上地块数量占地块总数比（%）				0.5～1亩以上地块面积占总面积比（%）				1亩以上地块数量占地块总数比（%）				1亩以上地块面积占总面积比（%）			
				坡度6°以下	坡度6°～15°	坡度15°以上	合计	坡度6°以下	坡度6°～15°	坡度15°以上	合计	坡度6°以下	坡度6°～15°	坡度15°以上	合计	坡度6°以下	坡度6°～15°	坡度15°以上	合计
西南丘陵山区	平原（坝）	883.72	44.19	26.50	1.05	0.02	27.57	26.34	1.03	0.02	27.39	21.01	1.10	0.03	22.14	51.01	3.05	0.09	54.15
	浅丘	602.24	30.11	8.28	12.26	4.63	25.17	9.78	14.36	5.34	29.48	6.82	7.30	2.67	16.79	21.28	19.45	7.17	47.90
	深丘	540.90	27.05	1.98	8.46	4.43	14.87	2.91	12.12	6.28	21.31	1.09	5.31	3.57	9.97	4.72	22.83	19.65	47.20
	高山地	393.14	19.66	1.54	10.42	9.28	21.24	1.03	7.12	6.45	14.6	2.34	12.22	15.17	29.73	5.11	31.34	37.55	74.00
中部丘陵山区	平原（坝）	1116.70	55.84	19.11	0.01	0.01	19.13	12.86	0.01	0.01	12.88	26.35	0.01	0.00	26.36	75.02	0.01	0.00	75.03
	浅丘	831.42	41.57	19.54	3.69	1.46	24.69	16.72	3.11	1.22	21.05	20.72	2.97	1.32	25.01	52.96	7.94	3.53	64.43
	深丘	288.15	14.41	4.16	7.81	7.89	19.86	5.35	9.84	10.31	25.5	2.27	5.54	5.71	13.52	7.82	22.06	20.31	50.19
	高山地	182.57	9.13	1.01	5.55	8.20	14.76	1.81	10.04	14.37	26.22	0.53	3.18	3.70	7.41	2.34	13.89	17.87	34.10
沿海丘陵山区	平原（坝）	1541.63	51.39	21.89	0.20	0.00	22.09	21.90	0.19	0.00	22.09	17.62	0.06	0.00	17.68	57.20	0.16	0.00	57.36
	浅丘	822.13	27.40	23.78	3.36	0.26	27.4	24.42	3.43	0.27	28.12	17.47	2.55	0.29	20.31	42.96	8.68	0.86	52.50
	深丘	564.92	18.83	3.90	4.51	3.90	12.31	5.23	5.98	5.07	16.28	2.74	3.34	3.57	9.65	12.19	20.65	23.58	56.42
	高山地	350.43	11.68	2.53	2.06	0.96	5.55	8.27	6.85	3.11	18.23	0.53	0.75	0.45	1.73	4.06	8.44	4.05	16.55

第4章
南方丘陵山区机械化发展情况

南方丘陵山区是重要的水稻主产区，同时也是小麦、油菜、玉米、马铃薯等旱作物的重要产地，本章从南方丘陵山区农机化发展概况出发，对本区域内的水稻、小麦、玉米、薯类机械化情况进行分析，得到农机化发展存在的问题。

4.1 南方丘陵山区农机化发展概况

截至 2012 年年末，全国主要农作物耕种收综合机械化水平已经达到 57.17%，而南方丘陵山区仅为 39.66%，是全国农机化发展进程中的一块短板，详见图 4-1。

由图 4-1 可以看出，我国南方丘陵山区主要农作物机耕水平为 69.11%，与全国平均水平的 74.11% 相差无几；机收水平为 31.15%，比全国的 44.40% 低 13.25%，收获环节由于地形条件及种植制度的限制，发展较滞后；机播水平 8.91%，远远低于全国平均水平的 47.37%，基本上仍处于起步阶段，成为制约南方丘陵山区农机化水平提升的最大障碍。我国已经进入全面推进农机化发展的进程，但是南方丘陵山区农机化发展却一直无法取得突破，仍然在缓慢跟随其他地区。要想又好又快地发展南方丘陵山区农机化，就必须因地制宜地对该区域自然、农村社会经济、种植制度等进行全面研究，实现农机农艺融合，才能制定出科学可行的政策措施。

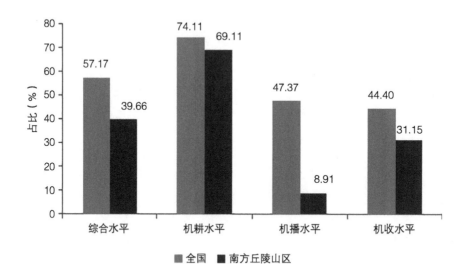

图 4-1　2012 年南方丘陵山区农机化水平与全国对照

数据来源：2013 年中国农机化统计年鉴

此外，南方丘陵山区各省之间农机化的发展也存在较大差异，西南山区又远远落后于其他地区，详见表 4-1。

表 4-1　南方丘陵山区各省农机化发展水平

（单位：%）

地区	综合机械化水平	机耕水平	机播水平	机收水平
浙江省	57.11	84.49	13.83	63.88
福建省	33.46	61.13	5.55	24.49
江西省	49.11	71.06	14.54	54.40
湖北省	45.81	68.63	17.52	43.65
湖南省	37.81	63.79	5.51	35.47
广东省	40.09	74.04	3.83	31.07
广西省	37.23	72.65	5.88	21.35
重庆市	33.05	74.13	3.60	7.74
四川省	40.96	72.75	15.23	24.31
贵州省	16.74	34.88	1.36	7.94
云南省	41.38	92.54	2.87	11.69

数据来源：2013 年中国农机化统计年鉴

由表4-1可知，南方丘陵山区只有浙江省农机化水平达到了全国平均水平，主要农作物综合机械化水平达到40%以上的省份有浙江、江西、湖北、广东、四川、云南；低于40%的有福建、广西、重庆、贵州，其中贵州只有16.74%，基本上仍处于一片空白。然而，南方丘陵山区机耕环节发展较好，除贵州外，都超过了60%，其中浙江省已经达到了84.49%，基本上实现了耕地机械化。收获环节则参差不齐，浙江、江西两省发展较好，超过了全国平均水平，福建、湖北、湖南、广东、广西、四川次之，重庆、贵州、云南则基本上处于空白。机播环节是南方丘陵山区农机化发展最大的难点，除浙江、江西、湖北、四川超过了10%，其余地区仍为个位数。

4.2 南方丘陵山区水稻机械化情况

水稻作为南方丘陵山区播种面积最大的作物，其机械化发展水平的高低直接影响着整个地区农机化发展水平，同时对减轻农民负担、增加农民收入、提升农业产业竞争力具有举足轻重的作用。

水稻从耕地到收获主要有以下作业环节。

（1）整地环节，可以犁与耙，或旋耕等组合，要求整地后地面平整，土壤细碎。

（2）育插秧环节，不同的插秧方式需要不同的育秧方法，手插秧只需普通的大田育秧即可，抛秧则需用抛秧盘（秧盘带孔）育秧，机插秧也需用秧盘（秧盘无孔）育秧。此外，还可以直播，无需育秧。

（3）田间管理环节，水稻生长期一般在130天左右，期间需灌溉、施肥、除虫等。

（4）收获环节，水稻收获有分段收获、联合收获两种方式，其中分段收货可以是手割、机割与手工脱粒、机动脱粒的组合。

农机装备是农机化发展的物质支持，截至2012年年底，南方丘陵山区共有拖拉机421.82万台，总动力为5280.22万千瓦，分别为全国总数的18.48%、16.55%，可见拖拉机无法适应南方丘陵山区细碎崎岖的耕地。其他耕整地机械保有详情见图4-2。

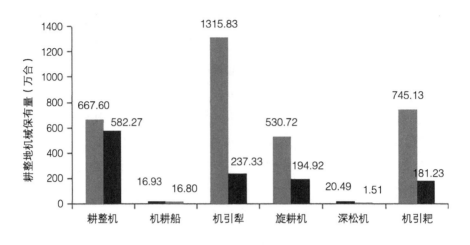

图 4-2　南方丘陵山区耕整地机械保有量与全国对照

数据来源：2013 年中国农机化统计年鉴

　　南方丘陵山区耕整机保有量为 582.27 万台，占全国的 87.22%；机耕船 16.8 万台，占全国总数的 99.28%；机引犁 237.33 万台，占全国总数的 18.04%；旋耕机 194.92 万台，占全国总数的 36.73%；深松机 1.51 万台，占全国总数的 7.37%；机引耙 181.23 万台，占全国总数的 24.32%。该区域主要以耕整机等小型耕整地机具为主，机引犁、深松机及机引耙等需要大功率拖拉机牵引的机具只能用于地势相对较为平坦的小范围地区适用。

　　由图 4-3 可知，南方丘陵山区水稻种植机械的保有量格局与全国一致，以水稻插秧机为主，水稻直播机次之，水稻浅栽机最少。然而，南方丘陵山区在作为现代农机化发展主流的插秧机保有量上太少，仅有 11.63 万台，其中乘坐式的为 1.35 万台，分别只占全国总数的 22.67%、6.96%，与占全国总播种面积 66.53% 的地位相差甚远，远不能满足生产实际需要。水稻直播机为 1.13 万台，水稻浅栽机为 0.76 万台，分别占全国的 47.90%、91.11%，该两种落后产品保有量多，说明南方丘陵山区由于地形条件的限制，新机具、新技术在该区域适用度不高，不能显著提高生产效率，因此，农户没有放弃本该淘汰的老机具，淘汰速度明显低于全国平均水平。

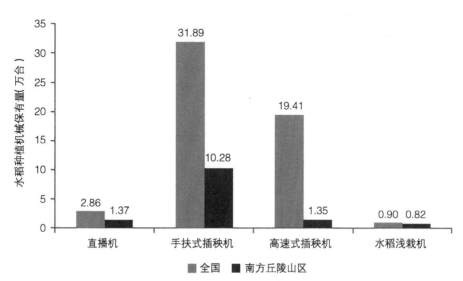

图 4-3　南方丘陵山区水稻种植机械保有量与全国对照

数据来源：2013年中国农机化统计年鉴

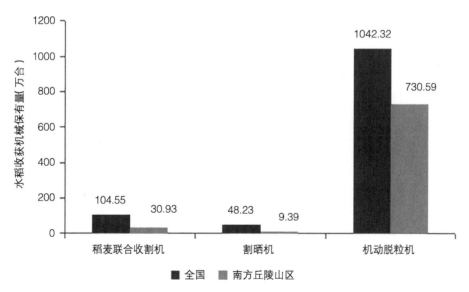

图 4-4　南方丘陵山区水稻收获机械保有量与全国对照

数据来源：2013年中国农机化统计年鉴

　　由图4-4可知，南方丘陵山区水稻收获机械主要以机动脱粒机为主，截至2012年年底，达到了730.59万台，占了全国总数的

70.09%，此外，还有大量的人力滚筒脱粒机没有统计，因此，该区域主要通过分段收获方式完成收获。但是分段收获的割晒环节机具保有量极少，仅 9.39 万台，只占全国总数的 19.43%，说明该环节作业方式仍以手工割晒为主。稻麦联合收割机保有量为 30.93 万台，占全国总数的 29.58%。

由图 4-5 可知，南方丘陵山区水稻耕种收综合机械化水平为 58.46%，比全国平均水平低 10.36%；耕地环节机械化水平为 88.42%，比全国平均水平低 4.87%，该环节机械化发展较好，已经达到高级阶段，说明现有机具在该区域内的适用性强，基本能满足生产要求；收获环节机械化水平为 63.01%，比全国平均水平低 10.34%，达到中级阶段，但与水稻机械化发达地区的差距较大。而种植环节机械化水平仅为 13.96%，发展速度迟缓，比全国平均水平低 17.71%，该环节成为南方丘陵山区水稻机械化发展的最大障碍。

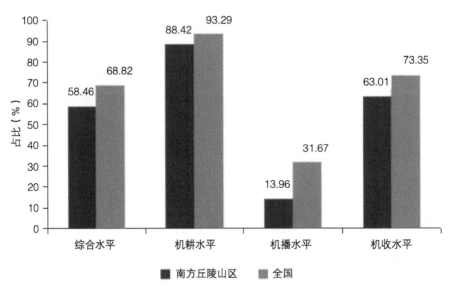

图 4-5　南方丘陵山区水稻机械化水平与全国对照

数据来源：2013 年中国农机化统计年鉴

南方丘陵山区水稻机械化各环节发展不均衡，地域之间差异较大，呈现出东高西低的局面。这与农村经济条件及地理条件相关，经济条件较好、地理条件优越的地区机械化水平发展高，经济条件差、地理条件恶劣的地区则发展慢，详见表4-2。

表4-2　南方丘陵山区各省水稻机械化发展水平

（单位：%）

地区	耕种收综合机械化水平	机耕水平	机械种植水平	机收水平
浙江省	69.08	94.56	19.62	84.55
福建省	46.45	83.46	8.04	35.51
江西省	59.45	84.50	17.50	68.02
湖北省	78.67	99.97	34.12	94.82
湖南省	59.16	90.21	10.22	66.71
广东省	61.07	93.08	8.97	70.50
广西省	57.66	90.90	12.77	58.23
重庆市	53.21	93.26	17.10	35.94
四川省	45.29	72.52	7.91	46.36
贵州省	43.03	85.32	4.91	24.76
云南省	43.57	84.11	1.42	31.68
地区平均	58.46	88.42	13.96	63.01
全国平均	68.82	93.29	31.67	73.35

数据来源：2013年中国农机化统计年鉴

　　如表4-2所示，南方丘陵山区水稻耕种收综合机械化水平超过全国平均水平的有浙江省（69.08%）、湖北省（78.67%），低于中级发展水平线50%的有福建省、四川省、贵州省、云南省。耕地环节机械化水平超过全国平均水平的省份有浙江省（94.56%）、湖北省（99.97%），除四川省外都达到了高级水平线（80%）；种植环节机械化水平除湖北省外都低于全国平均线，其中福建、广东、四川、贵州、云南仍处于个位数；收获环节机械化水平超过国家平均线的省份有浙江（84.55%）、湖北（94.82%），低于中级发展水平线的还有福建省、重庆市、四川省、贵州省、云南省。

4.3 南方丘陵山区主要旱作物机械化情况

4.3.1 小麦机械化情况

　　南方丘陵山区小麦主要分布在湖北与西南四省市，其中湖北小麦主要集中在襄阳、随州、荆门、荆州、孝感等平原地区，西南四省小麦分布较为均衡。

表4-3 南方丘陵山区小麦机械化水平

（单位：%）

地区	耕种收综合机械化水平	机耕水平	机播水平	机收水平
湖北	81.58	97.58	52.95	88.85
四川	38.30	64.88	14.30	26.87
重庆	36.93	89.61	0.00	3.62
云南	39.82	80.74	9.56	15.51
贵州	10.81	25.52	1.25	0.75

如表4-3所示，湖北小麦已经解决实现机械化，因为小麦可以手撒播，且效率不低，所以机播水平较低。西南四省小麦机械化水平比较低，尤其是机播与机收，仍处于起步阶段，主要是受地形条件制约，机播作业质量与效率甚至低于手撒播，小麦集中连片率低，机收作业效率低，开展社会化服务收益差，因此，两个环节机械化水平较低。

4.3.2 油菜机械化情况

油菜主要分布在江西、湖北、湖南、四川、贵州、重庆等省，且在各省分布较为分散。

表4-4 南方丘陵山区油菜机械化水平

（单位：%）

地区	耕种收综合机械化水平	机耕水平	机播水平	机收水平
湖北	55.40	96.16	21.80	34.67
湖南	38.89	85.73	3.49	11.85
江西	14.39	28.34	5.23	4.95
四川	16.41	39.81	0.80	0.83
重庆	28.52	70.86	0.39	0.19
贵州	7.92	19.08	0.53	0.43

如表4-4所示，油菜机械化水平整体低于小麦，由于油菜除了在稻田种植外，有部分种植在旱地，增加了机械化发展难度。同小麦一样，油菜机耕发展较好，机播与机收发展缓慢。

4.3.3 玉米机械化情况

玉米主要分布在湖北、广西、四川、贵州、云南、重庆等省区市，其中云南与贵州第一大粮食作物为玉米，四川与重庆玉米播种面积占谷物面积的 30% 左右。

表 4-5　南方丘陵山区玉米机械化水平

（单位：%）

地区	耕种收综合机械化水平	机耕水平	机播水平	机收水平
湖北	43.94	90.52	15.69	10.05
广西	19.97	49.85	0.00	0.11
云南	20.63	50.98	0.43	0.37
四川	10.41	25.61	0.51	0.04
重庆	34.51	86.28	0.00	0.00
贵州	7.41	18.43	0.09	0.04

如表 4-5 所示，除湖北外，玉米机播与机收基本都小于 1%，主要有以下原因：第一，玉米多为套种，无法进行播种与收获；第二，玉米亩均穴株数非常少，播种与收获的作业量小，人工作业强度并不大，对机械需求小；第三，地形条件恶劣，现有农机装备无法适用。

4.3.4 薯类机械化情况

薯类主要集中分布在四川、贵州、云南、重庆四省（市），主要为马铃薯和甘薯两种，其中马铃薯多为垄作，种植方式为播种；甘薯多为平作，种植方式为移栽，平原地区尚且没有适用的技术装备，山区更是无法实现。现有统计的机械化水平也只针对马铃薯（表 4-6）。

表 4-6　南方丘陵山区马铃薯机械化水平

（单位：%）

地区	耕种收综合机械化水平	机耕水平	机播水平	机收水平
重庆	22.28	55.66	0.03	0.02
四川	5.42	13.26	0.13	0.27
贵州	2.25	5.00	0.23	0.60
云南	10.67	26.62	0.02	0.05

马铃薯机械化水平在主要粮油作物中是最低的，主要有以下原因：第一，垄作有利于收获但增加了耕整地难度，微耕机筑垄动力不够，

拖拉机在丘陵山区旱地通过性能差；第二，小地块垄太短，播种机作业效率与质量比人工作业差，现有马铃薯播种机在山区不适用；第三，薯类联合收获机体积重量太大，在丘陵山区无法适用，小型挖掘式收获机伤皮率高且对地块面积要求也比较大。

4.4 南方丘陵山区机械化发展存在的问题

南方丘陵山区农机化发展滞后、难度大已经成为共识，各级农机主管部门也相继出台了扶持政策予以指导，相关科研院所都在加大科研攻关力度以寻找突破口，农机推广部门对新机具新技术加强了推广力度，在各方共同努力下取得了一定的成绩，南方丘陵山区农机化有了一定的发展，但是不难发现，南方丘陵山区农机化发展水平与其他地区的差距仍在继续拉大。可见，过去的药方并没有找准病症，因此，在确定努力方向前充分认清问题所在十分必要。

4.4.1 农机与农艺不配套

机械化作业必须要有配套的标准化种植，才能降低作业难度。而南方丘陵山区一个山头就有一套种植模式，如水稻品种、基本苗、行株距、水肥管理、病虫害管理、收获方式等都有明显的差异，如果刻意单方面追求农机适应农艺，会加大科研成本和降低机具利用率。农机开发，农艺先行，可有效提高农机与农艺的配合，降低科研成本，促进农机化的发展。

4.4.2 耕地禀赋差，机具作业难度大

南方丘陵山区大部分国土被丘陵山地所覆盖，尤其是西南山区的四川、重庆、贵州、云南 4 个省市丘陵山地比例都超过了 90%，农民为了最大限度地开发可耕种土地，基本上只要有水源的地方都被开垦为耕地，因此，该区域耕地禀赋条件差，尽管单块水田都是平整的，但是田块之间都有落差，而且由于丘陵山地机耕道建设成本高，机耕道建设远远滞后于其他地区，因此，机具在其间转移难度大，危险系数高。此外，水田开垦在坡面上，田块宽度、面积小，大中型机具无法下田，小型机具也运转不畅、作业效率低，从而增加作业成本，影响农民用机积极性。

南方丘陵山区一般地形条件较好的都会开垦为水田，用于种植最重要的粮油作物（水稻、油菜、小麦），而剩余尚可开垦但地形条件更差的会开垦为旱地，用于种植玉米、薯类、大豆等重要性相对较低的作物。

4.4.3 适用机具少

近几年，在国家购机补贴政策的带动下，农民的购机热情高涨，但是由于自然条件的限制，许多在平原地区使用效果性特好的机具无法适用于丘陵山区。拖拉机由于重量、体积大，在丘陵山地运转不开，甚至有翻车的危险，因此农民只能选择轻便的微耕机，但是微耕机作业效率低，农机作业服务组织无法利用其开展作业服务，只能是农民自用，机具的利用率大大降低，造成大量的资源浪费；插秧机由于结构复杂，农民无法自行拆卸，在田间转移难度大，更容易发生磕碰造成破损，因此插秧机在丘陵山地普及率非常低；联合收割机体形大，只能在地势较平坦、田块较大、易于转移的地区使用，部分地形崎岖的田块只能选用脱粒机，但是脱粒机作业效率极低，且割、捡、脱都需要大量的人工辅助作业，在人力资源成本越来越高的当下，该类机型最终将被淘汰，当然，农民也可以购置机动割晒机加快割晒的作业速度，但是现有割晒机与脱粒机的配合使用仍存在不少问题，割倒后水稻不成把堆放，加大了捡拾的难度。

4.4.4 农机作业服务体系发展不完善

随着机械化作业逐渐成为农业生产方式的主流，农机作业服务组织像雨后春笋般越来越多，国家对农机作业服务组织也提供如优先购机等扶持政策，农机作业服务组织发展越来越好。截至2010年年底，南方丘陵山区农机作业服务组织达到了82 490家，农机户13 716 302家，分别占全国总数的49.16%、33.79%。然而，拥有农机原值20万元以上的农机服务组织仅14 340家，农机户仅94 768家，分别只占全国总数的23.24%、22.11%。可见，南方丘陵山区农机作业服务组织数量众多，但上规模的少，农机作业服务能力不足，难以形成足够的辐射带动作用。

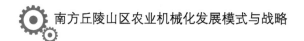

4.4.5 育秧环节缺乏作业服务，影响整个种植环节机械化发展

我国水稻种植以移栽为主，水稻移栽分为插秧和抛秧两种，由于机抛秧作业效率不高且无法保障作业质量，普及率不高。目前水稻机械化作业主要以机插秧为主，机插秧则包括秧盘育秧与插秧两道作业工序。然而丘陵山区缺乏诸如工厂化育秧等专业秧苗供应服务，农机作业服务组织也不提供育插秧全套服务，因此，机插秧服务无法顺利开展。

第5章
南方丘陵山区生产组织模式研究

我国实行土地家庭联产承包责任制，土地分户承包，户均耕地面积少，与农业机械化的规模化经营要求不匹配。通过土地流转，使散户土地向农民专业合作社、家庭农场等新型经营主体集中，实现土地规模化经营从而促进农业机械化的发展是当前我国农业机械化发展的必由之路。因此，本章从南方丘陵山区的农业生产组织模式出发，对典型省份农业生产组织发展现状与机械化技术需求进行研究。

5.1 生产组织模式分类定义

南方丘陵山区水稻的规模化生产主体主要包括：粮油合作社、种粮大户、农机合作社、家庭农场。

（1）粮油专业合作社。农民专业合作社是在农村家庭承包经营基础上，五名以上同类农产品的生产经营者或者同类农业生产经营服务的提供者、利用者，自愿联合、民主管理的互助性经济组织。其中专业进行粮油生产经营的农民专业合作社即为粮油专业合作社。

（2）种粮大户。各省对于大户的标准差异较大，主要表现在种植规模大小，各水稻主产省对大户规模的界定如表5-1所示。

61

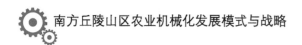

表 5-1　各水稻主产省对种植大户认定标准

省（市）	认定标准
湖南省	个人或法人承包耕地和租种耕地合计在 30 亩以上（含 30 亩），租种耕地必须与土地承包户签有书面租种合同。水稻生产达到一定规模，至少一季种植面积达到 30 亩以上（含 30 亩）
江西省	个人或法人承包耕地和租种耕地合计在 50 亩以上（含 50 亩），租种耕地必须与土地承包户签有书面租种合同。水稻生产达到一定规模，至少一季种植面积达到 50 亩以上（含 50 亩）
四川省	自然人、法人集中成片承包耕地、租种耕地，且至少种植一季水稻面积在 30 亩以上（含 30 亩）。租种耕地必须与土地承包户签有书面租种合同
湖北省	种植水稻 150 亩（不含 150 亩）以上的农户
重庆市	相对集中成片承包耕地或租种耕地（包括代种撂荒地、新开垦未发包耕地）50 亩以上，种植一季水稻、玉米、小麦等主要粮食作物
浙江省	稻麦种植面积 20 亩以上（含 20 亩）
广东省	水稻年播种面积 30 亩以上（含 30 亩）的种粮农民（包括承包土地种植水稻的种粮农民在内）

（3）农机专业合作社。符合农民专业合作社的条件，并从事以农业生产和农机作业服务为主的组织。

（4）家庭农场。以家庭成员为主要劳动力，从事农业规模化、集约化、商品化生产经营，并以农业收入为家庭主要收入来源的新型农业经营主体。这一概念在 2013 年的"中央 1 号文件"首次提出，目前初步认定标准为：①家庭农场经营者应具有农村户籍（即非城镇居民）。②以家庭成员为主要劳动力。即无常年雇工或常年雇工数量不超过家庭务农人员数量。③以农业收入为主。即农业净收入占家庭农场总收益的 80% 以上。④经营规模达到一定标准并相对稳定。即从事粮食作物的，租期或承包期在 5 年以上的土地经营面积达到 50 亩（一年两熟制地区）或 100 亩（一年一熟制地区）以上。

5.2 典型省份主要规模生产组织发展现状

5.2.1 湖南省粮油专业合作社现状

5.2.1.1 发展的有利因素

第一，湖南是农业大省，水稻种植面积全国第一，同时也是劳务输出大省，向广东等沿海经济大省输出了 1 000 万青年劳动力，留守大多为老弱妇孺，给合作社的耕地流转提供了条件。

第二，政府多渠道扶持农民专业合作社的发展。建立促进农民专业合作社发展专项资金。新增农业补贴适当向农民专业合作社倾斜，并直补到合作社或农户。各类农业专项资金适度向农民专业合作社倾斜，鼓励和支持具备条件的农民专业合作社申报和承担各类涉农项目。把农业专业合作社纳入农村信用评定范围，建立农业贷款绿色通道，市、县财政对农民专业合作社贷款给予贴息。

第三，湖南农民专业合作社主要由专业大户、集体经济组织、龙头企业和技术部门来带动发展，其中又以农村能人或专业大户牵头兴办为主。合作社的牵头人有较好的社会资源及市场渠道，能推动合作社走上正轨。

5.2.1.2 不利因素

第一，湖南省目前还有相当数量的农民专业合作社运行机制不符合《中华人民共和国农民专业合作社法》要求。有的合作社没有规范的章程，有的章程形同虚设，宗旨模糊，责任不清，管理制度不完善，没有健全的财务管理制度，也没有设立成员账户，特别在利益分配机制上没有真正做到风险共担、利益共享。同时，合作社开展活动较少，成员间联系不够紧密，甚至一部分合作社徒有其名。如湖南省农业综合开发办 2010 年安排各市州农民专业合作社支持指标 190 个，通过市县发动，层层申报，最后上报到省里的只有 150 个，省农开办通过资格审查和专家评审，管理基本规范、符合要求的农民专业合作社只有 100 个。

第二，湖南合作社本身规模小，带动未入社农户动力弱。主要体现在如下几点：一是平均出资额低。湖南农民专业合作社平均出资额才 34 万元，而广东省社均出资额达 104.4 万元，江西省社均出资额 160 万元，江苏省社均出资额为 281.9 万元。二是统一经营能力不强。湖南农民专业合作社平均销售总额不足 100 万元，而浙江省合作社平均销售额达到 500 万元。三是带动农户能力不强。湖南省农民专业合作社带动农户数为 397.5 万户，占总农户数的 11.6%。而浙江省 2008 年农民专业合作社带动 38.2% 的非成员农户，海南省带动 30% 农户，江苏淮安市达到 57%，新疆的巴音郭楞蒙古自治州达到了 62%。

第三，湖南地形大部分为丘陵山区，不利于规模化经营，合作社的发展受到较大的限制，目前合作社发展较好的地区为环洞庭湖地区，而湘西及湘南山区合作社很少，即使有也是规模非常小的空壳合作社。

5.2.2 湖南省农机专业合作社现状

5.2.2.1 发展的有利因素

第一，湖南正在大力恢复双季稻面积，而双季稻的农时非常紧张，在双抢时节，需要大量的收割机、拖拉机、插秧机同时作业，农机专业合作社在机具的调配方面有得天独厚的优势，同时，种植双季稻的散户日益减少，种粮大户、水稻专业合作社、农机专业合作社等规模化组织已逐渐成为双季稻种植的主体，他们的种植区域更为集中，农机专业合作社在抢占成片作业市场上的优势比普通农机户更强。

第二，湖南水稻机械化作业服务市场主要为收割环节，机插秧主要是种粮大户合作社自由机具作业，耕整地环节则基本家家户户都有小型拖拉机、耕整机等小型机具，因此，农机专业合作社在耕、种环节的市场潜力非常大，随着土地流转的深入开展，耕种环节巨大的市场空间将带来农机专业合作社的快速发展。

5.2.2.2 发展的不利因素

第一，湖南地形大部分为丘陵山区，耕地细碎分散，中小型机具作业灵活性更强，因此，家家户户都有小型耕整机，耕地环节的作业市场很难发展。此外，由于农时原因，晚稻小苗栽插会减少水稻的有效生长天数而造成减产，晚稻几乎均为手工大苗栽插或者抛秧，因此，种植环节的作业只有早稻和中稻，而早稻和中稻的农时不紧，手工栽插、抛秧、直播的作业效率完全可以满足需求，因此，散户机插秧的作业需求非常小。

第二，水稻专业合作社基本有全套农机，而且人手丰富，无需作业服务；而大型种粮大户同样有全套农机，而且普遍有长期雇佣劳动力，仅有部分超大型种粮大户或农业龙头企业需要农机合作社代管。因此，农机专业合作社的市场空间并不大，大部分农机专业合作社为空壳合作社，或者仅有少量联合收割机的小合作社，发展较好的农机专业合作社肯定同时有相当规模的自有经营权的耕地。

5.2.3 湖南省种粮大户现状

5.2.3.1 发展的有利因素

第一，湖南是农业大省，水稻种植面积全国第一，同时也是劳务输出大省，向广东等沿海经济大省输出了1 000万青年劳动力，留守大多为老弱妇孺，给种粮大户的耕地流转提供了条件。

第二，政府大力扶持种粮大户的发展，对于水稻种植面积超过30亩的大户给予50元/亩的补贴，不少地县对于机插秧的大户另给予100元/亩的补贴。此外，种粮大户承租的田大部分成了优良品种展示田、科学技术示范田，成为各级财政项目的申报主体，大大缓减了资金压力。

第三，大量流出耕地的留守农民，为大户提供了充足的经验丰富的劳动力，部分大户与代管人员签订包产协议，设定一个双方均接受的产量线，既能保障大户的利润率，又能在调动代管农民的积极性后使其获得比打工更多的收入，从而规避了大户的风险。

5.2.3.2 发展的不利因素

第一，近年来土地流转价格上涨较快，而且未来仍将继续上涨，给大户带来了较大的资金压力。

第二，湖南多为山区，耕地落差较大，机耕道建设滞后，耕地虽然集中却难以成片，生产效率低。植保、施肥、晚稻插秧、农资与农产品运输等许多环节仍需要大量的人工，生产成本高。

第三，湖南经济并不发达，农民外出打工也多从事体力劳动，没有得到良好的社会保障，农田多被视为农民工失业后的最后生活保障，因此，耕地流转多为短期合同，且绝大部分耕地流转是亲朋好友之间的转包，大规模的集中流转较少，超过60%种粮大户的规模为100亩以下，规模超过1 000亩的大户比例不足0.5%。

5.2.4 湖南省家庭农场现状及发展趋势

5.2.4.1 发展的有利因素

第一，湖南种养大户数量多，为家庭农场发展奠定了较好的基础。

第二，2013年"中央1号文件"明确提出鼓励发展"家庭农场"，湖南省政府也已经开始探索家庭农场扶持政策。

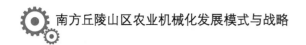

5.2.4.2 发展的不利因素

第一，家庭农场概念在全国范围内刚提出，而且对于家庭农场的界定目前全国仍没有一个清晰的标准，也没有明确的发展思路。

第二，从目前国家透漏出的信息可以看出，家庭农场即为目前种养大户的升级版，只是在种养规模及耕地经营期有了更高的要求，而农户出于自身生活保障的考虑，对于长期出租耕地的意愿不强，因此，长周期耕种土地难度非常大。

第三，与种粮大户相比，家庭农场并没有表现出更好的竞争力，如果因为延长租期而增加了额外成本，但国家没有相应配套资金扶持，"家庭农场"将名存实亡。

5.2.5 四川省粮油专业合作社现状

5.2.5.1 发展的有利因素

第一，48.3%的合作社由种养大户牵头组建，政府职能部门领办的占了19.5%，农产品运销大户组建的占了11.5%，政府农技服务部门领办的占6.9%，农业龙头企业推动组建的占5.7%，可见，四川农民专业合作社的负责人有能力、有社会资源、有市场渠道，对合作社的健康发展能起到一定的促进作用。

第二，2009—2011年，四川省共计投入中央和地方各级农发资金1.1亿元，支持了全省153个各类农民专业合作社项目，建设农产品生产基地10.3万亩，改造中低产田1.9万亩，2012年补助项目用于专业合作社的资金指标比例调增为70%，比国家规定高出10个百分点。种植基地项目财政补助不高于70万元、不低于42万元。可见，四川省各级政府对合作社的发展非常重视。

5.2.5.2 发展的不利因素

第一，四川省地形复杂多样，平原、山地丘陵交错，平原较少，主要集中在成都平原周围，山地较多，不利于规模生产。农业资源短缺，耕地资源逐年减少，淡水资源严重不足，水资源的时空分布不均，人口用水不足，耕地分布状况不协调，人均耕地较少，且土壤肥力较差。合作生产农业其他产业链因原料供应不足而无法正常运转，加剧风险。

第二，合作社虽设立了成员大会，并规定社员享有表决权、选举权和被选举权，并按照章程规定对本社实行民主管理，但现实中，社员大会多为管理层控制，社员表决权、选举权和被选举权受到限制，社员民主意志不能发挥。合作社服务内容不全面，服务质量不高。通过调查，当前农民对合作社服务方面的满意度普遍低于30%，农户对合作社认可度可见一斑。在分享盈余方面，合作社决策权多为合作社管理层及农业大户掌握，农户难以得到合理的利益分配。合作社财务信息、社员大会、理事会及监事会会议决议等的不公开和不完善，加大了合作社管理风险。

第三，合作社经营契约的履约率不理想，如四川农业大学调查的乐山市中区志诚专业合作社，在收购过程中，合作社与农户未签订协议，二者的利益关系松散，当新鲜蔬菜上市时，农户为了不交每千克0.4元的费用，违背章程约定，不把蔬菜交给合作社出售，导致合作社举步维艰，形同虚设。另外，调查的郫县锦宁韭黄合作社，虽与农户签订了书面合同，但当市场价格高于合同价格时，农户为了自身利益就会违约。可见，合作社与农户之间的合作关系并不强，大部分合作社的实质是种养大户为扩大自己的销售规模以提高市场地位而临时拉拢散户帮衬。

5.2.6 四川省农机专业合作社现状

5.2.6.1 发展的有利因素

第一，四川农业机械化水平低，有广阔的市场空间可供农机合作社去开发。

第二，政府对农机专业合作社的扶持与其他合作社一样。

5.2.6.2 发展的不利因素

第一，四川地处西南山区，仅有成都周边少量平原，对农业机械化的发展极其不利。

第二，四川水资源匮乏，大部分为旱地，水稻占三大粮食作物的比例不足50%，水稻总量虽然有200万公顷，但户均种植量非常少。

第三，四川耕地流转比例非常少，30亩以上大户流转耕地面积仅占总耕地面积的0.5%，不利于农机合作社抢占市场，同时合作社的规模优势无法体现。

5.2.7 四川省种粮大户现状

5.2.7.1 发展的有利因素

第一，2011 年四川省财政厅、四川省农业厅联合发布了《关于 2011 年对种粮大户实行直接补贴的通知》（川财建〔2011〕42 号），通知提出 2011 年将对四川省粮食种植面积超过 30 亩的大户进行每亩 20 元的现金补贴，2012 年四川省对种粮大户的补贴方式呈现两大新变化，第一是按种植面积大小将补贴分为三档，30～100 亩为第一档，100～500 亩为第二档，500 亩以上为第三档，三档补贴标准分别为每亩 40 元、60 元、100 元。

第二，2012 年四川农场劳动力输出 2 414.6 万人，超过农村总人口的 50%，意味着剩余的劳动力基本都是老弱病残，只要流转价格合理，流转率将快速提高。

5.2.7.2 发展的不利因素

第一，四川耕地条件差，除成都平原外的其他地区均为山区，集中连片承包太难，规模经营的效益也难以保证，因此，耕地流转大部分为亲朋之间低价转包，没有形成良好的耕地流转市场，愿意大规模转入耕地的大户少。

第二，四川省农村劳动力大部分在省内务工，形成了大量的兼业农民工，闲时外出，忙时务农，也影响了农民转出耕地的积极性，且流转的耕地大多为短期。

5.2.8 四川省家庭农场现状

5.2.8.1 发展的有利因素

2013 年"中央 1 号文件"明确提出鼓励发展"家庭农场"，四川政府也已经开始探索家庭农场扶持政策。

5.2.8.2 发展的不利因素

第一，家庭农场概念在全国范围内刚提出，而且对于家庭农场的界定目前全国仍没有一个清晰的标准，也没有明确的发展思路。

第二，从目前国家透漏出的信息可以看出，家庭农场即为目前种养大户的升级版，只是在种养规模及耕地经营期有了更高的要求，而农户出于自身生活保障的考虑，对于长期出租耕地的意愿不强，因此，长周期耕种土地难度非常大。

第三，与种粮大户相比，家庭农场并没有表现出更好的竞争力，如果因为延长租期而增加了额外成本，但国家没有相应配套资金扶持，"家庭农场"将名存实亡。

5.3 南方丘陵山区生产组织发展趋势

5.3.1 粮油专业合作社

粮油专业合作社大多为粮油种植大户、农村能人或龙头企业承办，他们要么拥有相当规模的耕地，要么拥有一定社会或市场资源，要么拥有雄厚的资金实力，在合作社中地位明显高于普通社员，他们在吸引农户入社的同时，必然也在不断发展壮大自家的经营规模以保住或增大股份占有比例。可见，合作社的经营模式始终是"大户＋散户"，这样有利于发挥大户的社会资源和聪明才干，从而为合作社招揽财政补贴及开拓市场。由于地形条件的限制，南方丘陵山区粮油专业合作社辐射范围多在本村范围内，经营规模不大，而且无法组织统一的生产活动安排。根据上述特点，不难发现南方丘陵山区粮油合作社未来发展趋势是粮油种植大户与散户简单组合成一个集体，生产活动仍以单干为主，农机装备使用权归大户所有，散户需要出资购买生产服务，农产品逐渐开始统一销售。

因此，粮油专业合作社实质仍然是粮油种植大户模式。

5.3.2 种粮大户

随着粮价的稳步攀升及国家扶持力度的不断加大，种粮效益得到保障，为了追求规模效益，种粮大户通过不断流转散户的耕地，扩大自己的种植规模。同时，随着规模的不断扩大，达到一定规模后依靠人力将无法完成作业，必然会购置农机，农机主要以自用为主，较少从事社会化服务。当规模继续扩大，依靠自家劳动力已无法管理后，将逐步雇佣固定人员。随着规模继续扩大及雇佣人员持续增多，大户将选择转包模式，与雇工签订协议设定产量基准并高奖低罚，大户可彻底从繁重的生产中解脱，可专心从事产品营销、品牌运营、规模扩展等其他增值环节，身份从劳动者转变为商人。在此过程中，为了获

69

取更多的国家扶持及市场份额，注册家庭农场、农民专业合作社等。不过南方丘陵山区受地形条件限制，种粮大户耕地流转规模受限，成片经营难度大、成本高。

因此，南方丘陵山区种粮大户的发展呈金字塔形，绝大部分种粮大户规模在 50 亩以下，仅拥有耕整地机械，其他环节仍靠雇人或雇机服务，真正成为农业商人的仅为极少数。但随着基础设施条件的改善，金字塔形将逐渐向圆柱形靠拢。

5.3.3 农机专业合作社

南方丘陵山区农机社会化服务主要集中在水稻机收环节，另有部分村民之间的机耕与植保有偿互助作业。随着水稻联合收割机保有量持续增长，水稻机收作业市场逐渐趋于饱和，机手间的竞争加剧，纯粹靠一台收割机单打独斗在市场竞争中很难常胜，因此，农机合作社便成为机手们抱团参战的选择，同时能获得更多的政府支持。但由于各自技术操作水平、人脉关系、所处地形条件、机具性能状态等各方面的差异，根本无法实现利益共享，更多的合作社仅是社员之间的简单组合，收入各不相干。随着收割机保有量的逐年增多，农机合作社作业收益减少，必定会划分服务区域以阻止外地收割机抢市场，则会吸收普通农户入社，以会员价提供机收服务。随着合作社规模进一步扩大，作业服务已无法保障社员获得可观的收入，而南方丘陵山区又不适合进行跨区作业，为了增加收入来源，会选择流转耕地以种粮增收，耕地多则股份大，转而会购置拖拉机、插秧机等其他环节机具，成为与粮油合作社相同的发展轨迹。

因此，南方丘陵山区农机合作社实质分为两类：初期实质是农机户简单组合，后期则是种粮大户垄断合作社。

5.3.4 家庭农场

2013 年"中央 1 号文件"首次提出鼓励发展家庭农场，农业部出台的初步认证标准：①家庭农场经营者应具有农村户籍（即非城镇居民）。②以家庭成员为主要劳动力。即无常年雇工或常年雇工数量不超过家庭务农人员数量。③以农业收入为主。即农业净收入占家庭农场总收益的 80% 以上。④经营规模达到一定标准并相对稳定。即从事粮食作物的，租期或承包期在 5 年以上的土地经营面积达到 50 亩（一年两熟制地区）或 100 亩（一年一熟制地区）以上。

　　从上述认证标准看，家庭农场与普通种粮大户唯一的区别在于耕地的承包期应在 5 年以上。因此，我们有理由相信家庭农场仅是种粮大户的升级版。

5.4 典型省份不同生产组织对主要机具的需求

5.4.1 湖南省不同生产组织对拖拉机需求情况

5.4.1.1 种粮大户

　　第一，功能需求。种粮大户主要对自家、所在村组或合作社社员的耕地进行耕作作业，作业区域跨度小，对拖拉机的功能要求较为单一，以旋耕为主，而且湖南为典型的双季稻区，旱田少，拖拉机只需在水田作业即可。

　　第二，使用性能要求。由于田块相对较小，拖拉机作业灵活性要求高，需要转弯半径小、倒退方便。

　　第三，舒适度要求。舒适度要求低。

　　第四，价格需求。据调研，拖拉机的使用寿命一般在 5 年以上，国家规定的拖拉机报废年限为 10 年，因此使用寿命按照 7 年算。湖南耕整地作业服务价格约 150 元 / 亩，自己经营的耕地每亩田可接受的购机成本应在 60 元左右，代耕的服务面积每亩田可接受的购机成本在 40 元左右，因此，种粮大户可接受的价格应为"（种田规模 ×60+ 服务规模 ×40）×7（元）"。

5.4.1.2 农机户

　　第一，功能需求。湖南农机户的耕整地作业服务范围小，且全为水稻，作业方式同样为旋耕，所需的功能少。

　　第二，使用性能要求。农机户进行代耕服务，作业环境比种粮大户差，田块面积小，要求机具灵活性更强，田间转移方便，跨田埂能力强。

　　第三，价格需求。据调研，拖拉机的使用寿命一般在 5 年以上，国家规定的拖拉机报废年限为 10 年，因此使用寿命按照 7 年算。湖南耕整地作业服务价格约 150 元 / 亩，自己经营的耕地每亩田可接受的

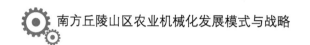

购机成本应在 60 元左右，代耕的服务面积每亩田可接受的购机成本在 40 元左右，因此，农机户可接受的价格应为"（种田规模 ×60+ 服务规模 ×40）×7（元）"。

5.4.2 湖南省不同生产组织对插秧机需求情况

5.4.2.1 种粮大户

第一，功能需求。湖南机插秧仍处于起步阶段，现阶段仅插秧功能为大户所需。

第二，使用性能要求。湖南插秧机保有量少，缺乏经验机手，据调研，曾有大户愿意花 500 元 / 天的工资雇经验机手，因此，大户非常注重插秧机的操作方便性；此外，由于田块规整度差，转弯掉头多，对于掉头方便性要求高。

第三，价格需求。据调研，插秧机的使用寿命一般在 5 年左右。湖南机插秧服务价格约 100 元 / 亩，由于基础设施建设差，机插秧时需要挑秧、加秧、补秧等大量的等辅助人员，少有为散户提供机插服务，插秧机主要为大户自买自用。每亩田可接受的购机成本应在 20 元左右，因此，种粮大户可接受的价格应为"种田规模 ×20×5（元）"。

5.4.2.2 农机户

由于湖南单块水田面积小、地形复杂，机插作业效率低，并不比人工作业快多少，机插服务效益低，因此，农机户基本不提供机插秧服务，农机户对插秧机需求非常小。

5.4.3 湖南省不同生产组织对育秧播种机需求情况

由于育秧播种机在功能上比较简单，对作业场地没有特殊要求，湖南的育秧播种机基本都是流水线型，而且保有量非常少，仅部分规模非常大的种粮大户、政府扶持的育秧中心、机械化育插秧试验示范基地等主体才会购置。

5.4.4 四川省不同生产组织对拖拉机需求情况

5.4.4.1 种粮大户

第一，功能需求。四川是典型的南方旱作区，拖拉机主要为需要适应水、旱田作业环境，且三大粮食作物面积都较大，因此，除深耕、深松、平地等需要大马力拖拉机作业的工艺外，几乎所有耕整地工艺都需要，但旋耕为最主要的作业功能。

第二，使用性能要求。由于田块小，拖拉机作业灵活性要求高，需要转弯半径小、倒退方便。

第三，价格需求。据调研，拖拉机的使用寿命一般在 5 年以上，国家规定的拖拉机报废年限为 10 年，因此使用寿命按照 7 年算。四川耕整地作业服务价格约 150 元 / 亩，自己经营的耕地每亩田可接受的购机成本应在 60 元左右，代耕的服务面积每亩田可接受的购机成本在 40 元左右，因此，种粮大户可接受的价格应为"（种田规模 ×60+ 服务规模 ×40）×7（元）"。

5.4.4.2 农机户

由于四川耕地细碎分散，作业效率低，购置拖拉机为散户作业效益低，农机户基本不提供作业服务，因此，农机户对拖拉机没有需求。据调查，西南地区的拖拉机主要用途为提供运输服务。

5.4.5 四川省不同生产组织对插秧机需求情况

5.4.5.1 种粮大户

第一，功能需求。四川机插秧仍处于起步阶段，现阶段仅插秧功能为大户所需。

第二，使用性能要求。四川插秧机保有量少，缺乏经验机手，据调研，曾有大户愿意花 500 元 / 天的工资雇经验机手，因此，大户非常注重插秧机的操作方便性；此外，由于田块规整度差，转弯掉头多，对于掉头方便性要求高；田间落差较大，机具轻便要求高。

第三，价格需求。据调研，插秧机的使用寿命一般在 5 年左右。四川机插秧服务价格约 100 元 / 亩，由于基础设施建设差，机插秧时需要挑秧、加秧、补秧等大量的等辅助人员，少有为散户提供机插服务，插秧机主要大户为自买自用。每亩田可接受的购机成本应在 20 元左右，因此，种粮大户可接受的价格应为"种田规模 ×20×5（元）"。

5.4.5.2 农机户

由于四川单块水田面积小、地形复杂，机插作业效率低，并不比人工作业快多少，因此，农机户基本不提供机插秧服务，农机户对插秧机需求非常小。

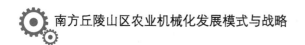

5.4.6 四川省不同生产组织对育秧播种机需求情况

由于育秧播种机在功能上比较简单，对作业场地没有特殊要求，四川的育秧播种机基本都是流水线型，而且保有量非常少，仅部分规模非常大的种粮大户、政府扶持的育秧中心、机械化育插秧试验示范基地等主体才会购置。

第6章
南方丘陵山区农机化区域划分

　　南方丘陵山区地域分布广，总共包含了 13 个省份，每个省份的农村社会经济条件、自然条件、农业种植结构等不尽相同，农业机械化发展的路径也不一样，因此，本章对南方丘陵山区进行更细的区域划分。

6.1 研究方法选择

　　本文基于 SPSS17.0 软件，选用系统聚类法，对研究区域进行聚类分析。首先将每个省市看作一个样本，两两计算其马氏距离（式 6-1）。然后以马氏距离作为划分类型的依据，把一些距离小的样本聚合为一类，而把另一些距离小的样本聚合为另一类，直到所有的样本都聚合完毕，逐步画成一张完整的分类系统图。

$$\text{式中：}\quad d_{ij} = \sqrt{(x_i - x_j)^{\mathrm{T}} \sum{}^{-1} (x_i - x_j)} \qquad （6\text{-}1）$$

　　d_{ij}——样本 i 与样本 j 的马氏距离；

　　x_i——样本 i 的指标向量；

　　T——表示向量转置；

Σ——指标数据矩阵的协方差阵。

6.2 变量的选择与数据的获取

影响农机化发展的主要因素包括耕地禀赋条件、种植结构、农民收入、耕地经营规模。农机化区划应紧密结合农机化发展的制约因素，因此，本文选择上述四大指标作为区划变量。

6.2.1 耕地禀赋条件

耕地禀赋条件是制约南方丘陵山区农机化发展主要因素，一般耕地坡度越大，机具作业难度越大，农机化发展则越滞后。因此本文选择各省市不同坡度等级耕地占总耕地面积的比例来度量地区耕地禀赋条件，详见表6-1。

6.2.2 种植结构

由于不同作物农机化技术研发难度不同，我国农机装备技术成熟程度差异大，小麦、水稻发展较好，而玉米、油菜、薯类等发展滞后。因此，种植结构的差异也是不同地区农机化发展不平衡的重要原因，本文选择各省市主要农作物播种面积占总播种面积的比例来反映地区种植结构，如表6-2所示。

表6-1 南方丘陵山区各省市耕地坡度等级划分

(单位：%)

省（市）	≤ 2° 耕地比例	2° ～ 6° 耕地比例	6° ～ 15° 耕地比例	15° ～ 25° 耕地比例	>25° 耕地比例
浙江	64.14	9.31	10.66	9.89	6.00
福建	35.55	24.71	23.66	14.04	2.04
江西	36.47	36.73	12.26	8.42	6.12
湖北	45.67	17.53	14.97	12.17	9.66
湖南	34.35	32.89	21.76	9.06	1.95
广东	69.73	15.98	10.00	3.49	0.81
广西	45.39	28.90	13.54	8.41	3.77
重庆	4.72	15.83	31.96	31.37	16.12
四川	16.43	16.01	33.62	24.22	9.72
贵州	5.75	13.22	31.13	30.37	19.53
云南	11.70	13.03	28.62	33.67	12.99

数据来源：《人地系统主题数据库》

表6-2　南方丘陵山区各省市种植结构

（单位：%）

省市	水稻	小麦	玉米	豆类	薯类	花生	油菜	甘蔗
浙江	37.48	2.41	1.08	5.17	3.93	0.76	7.42	0.52
福建	38.29	0.17	1.68	3.34	10.83	4.34	0.48	0.45
江西	61.05	0.18	0.30	2.86	2.59	2.72	10.02	0.25
湖北	27.17	13.20	6.74	2.60	3.16	2.44	15.49	0.14
湖南	50.47	0.35	3.52	2.08	3.15	1.30	12.67	0.19
广东	43.78	0.02	3.72	1.78	7.20	7.20	0.16	3.39
广西	36.47	0.07	9.18	2.72	4.02	2.76	0.21	18.19
重庆	20.62	5.08	13.88	6.18	20.9	1.44	5.25	0.09
四川	21.39	13.48	14.08	4.69	12.51	2.70	9.88	0.21
贵州	14.61	5.50	15.72	6.51	18.33	0.81	9.77	0.34
云南	16.39	6.82	21.35	9.05	9.78	0.77	4.00	4.67

数据来源：2011年中国统计年鉴

6.2.3 农民人均收入及劳均耕地面积

　　农民收入越高则农机具购买能力越高，农机化发展速度会越快；而农机化的重要基础就是耕地规模化经营，耕地经营规模越大则农机化推广越易，农机化作业成本越低，农民农机投入的意愿越强。因此，本文以各省市农民年均收入来度量地区机具购买力；以各省市劳均耕地面积来度量地区农民农机投入意愿。详见表6-3。

表6-3　南方丘陵山区各省市农民人均收入及劳均耕地面积

省 市	农民人均年收入（元）	劳均耕地面积（hm²/人）
浙 江	11302.55	0.30
福 建	7426.86	0.21
江 西	5788.56	0.33
湖 北	5832.27	0.51
湖 南	5621.96	0.20
广 东	7890.25	0.19
广 西	4543.41	0.27
重 庆	5276.66	0.35

省　市	农民人均年收入（元）	劳均耕地面积（hm²/人）
四　川	5086.89	0.28
贵　州	3471.93	0.38
云　南	3952.03	0.36

数据来源：2011 年中国统计年鉴

6.3 聚类分析结果与说明

将上述数据输入 SPSS，得到聚类结果如图 6-1 所示，可将南方丘陵山区 11 省市细分成三大类，三大区的耕地条件、种植结构、农民收入、劳均耕地面积中心值对比情况见表 6-4、表 6-5 与表 6-6。

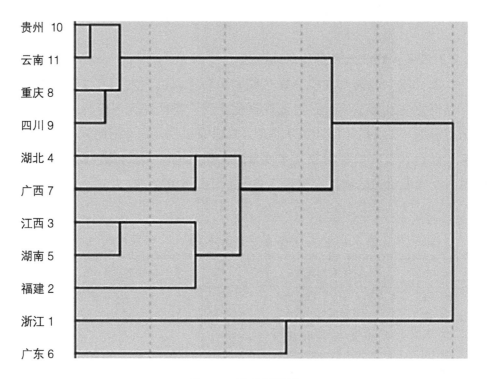

图 6-1　聚类树状图

表6-4 三大区耕地坡度等级 （单位：%）

区域	≤2° 耕地比例	2°～6° 耕地比例	6°～15° 耕地比例	15°～25° 耕地比例	>25° 耕地比例
西南区	10.94	14.38	31.25	29.54	13.89
中东部	40.66	27.55	16.43	10.09	5.27
沿海发达区	67.46	13.27	10.26	6.09	2.91

表6-5 三大区种植结构 （单位：%）

区域	水稻	小麦	玉米	豆类	薯类	花生	油菜	甘蔗
西南区	18.60	8.95	16.31	6.41	14.12	1.64	7.66	1.40
中东部	42.62	3.58	4.75	2.59	3.82	2.99	9.46	3.83
沿海发达区	41.52	0.88	2.78	2.99	6.03	4.89	2.76	2.36

表6-6 三大区农民人均收入及劳均耕地面积

区域	农民人均年收入（元）	劳均耕地面积（亩/人）
西南区	4469.28	0.33
中东部	5698.34	0.29
沿海发达区	9193.88	0.22

第一类地区为西南四省市：贵州、云南、四川和重庆。该类地区耕地2°以下、2°～6°、6°～15°、15°～25°及25°以上的比例分别为10.94%、14.38%、31.25%、29.54%、13.89%，耕地禀赋条件差，机具作业难度大；作物播种面积排名依次是水稻、玉米、薯类、小麦、油菜、豆类、花生、甘蔗，旱作面积大是该地区的一大特色；该地区农民人均年收入只有4 469.28元，劳均耕地面积为0.33公顷/人，耕作面积相对较大，机具需求大，但农民收入低，购买力弱。

第二类地区为中东部五省：湖北、广西、福建、湖南、江西。该类地区耕地2°以下、2°～6°、6°～15°、15°～25°及25°以上的比例分别为40.66%、27.55%、16.43%、10.09%、5.27%，耕地条件相对较好，机具作业难度较小；作物播种面积排名依次是水稻、油菜、玉米、甘蔗、薯类、小麦、豆类、花生，其中水稻比例达到42.62%，其他品种均低于10%，因此该地区水稻机械化发展速度快，而其他品种几乎没有进展；该地区农民人均年收入为 5698.34 元，劳均耕地面积 0.29 公顷 / 人。

第三类地区为沿海发达二省：浙江、广东。该类地区耕地2°以下、2°～6°、6°～15°、15°～25°及25°以上的比例分别为67.46%、13.27%、10.26%、6.09%、2.91%，耕地禀赋条件好，易于机械化的推广；作物播种面积排名依次是水稻、薯类、花生、豆类、玉米、油菜、甘蔗、小麦，种植结构与第二类地区相似，水稻占绝对优势；该地区农民人均年收入为9193.88元，农民比较富裕，购买能力强，但是该地区工业化、城镇化程度高，耕地面积少，劳均耕地面积为 0.22 公顷 / 人，耕地规模化经营程度低，弱化了农民对机械作业的需求。

6.4 分区政策

6.4.1 西南地区农机化政策

6.4.1.1 研究开发适用性强的旱作机械化生产技术，提升西南地区农机化水平

西南地区仅玉米和薯类两大旱作物播种面积就占总播种面积的30.43%，是该区域内最主要的农产品。由于旱作物大多种植在基础设施差的坡地上，而且普遍采用套作、间作方式，现有机械作业难度大、危险性高，除耕整地环节机械化水平有所发展外，种与收全靠手工。因此，农机农艺部门应加强合作，携手研究满足当地生产要求的机械化生产技术，开发小型播种机械、田园管理机、小型收割机等旱作机械，促进西南地区旱作机械化水平的提升。

6.4.1.2 加强机耕道建设，提升机具的机动性

西南地区坡度15°以上耕地达到43.43%，机具在田间转移难度大、危险性高。小型耕作机通过分解成零部件，利用肩挑背扛的方式转移，其他结构复杂的机械则无法推广应用，成为机械化发展进程中难以突破的瓶颈。必须加大机耕道的建设力度，着力改善机具作业环境，提升机具的机动性，才能有效推动农机化的跨越式发展。因此，我们应该加大对西南地区的农业建设项目投资的倾斜，加大农用挖掘机、筑路机等机具的补贴力度，形成机耕道建设的长效发展机制。

6.4.1.3 完善农村金融扶持机制，提升贫困地区购机能力

西南地区农民人均收入 4469.28 元／年，仅为广东的 1/2、浙江的 1/3。尽管该地区劳均耕地面积大，机械化水平低，机具需求旺盛，但农民资金匮乏仍是一道难以逾越的坎。虽然购机补贴政策能帮助减轻资金压力，但无法从根本上解决贫困地区农民的资金短缺问题。因此，必须加强农村金融扶持力度，提高贫困地区小农信贷额度，与金融机构合作建立机具担保按揭的购机模式，通过差异化财政贴息比例减轻贫困地区农民还款压力，坚持补贴与金融并举的扶持机制。

6.4.2 中东部农机化政策

6.4.2.1 大力推广机械化水稻育插秧技术，提升水稻机械化生产水平

水稻是中东部种植规模最大的作物，只有提升水稻机械化水平，才能有效提高该地区整体机械化水平，减轻农民负担。然而，水稻机械化发展的瓶颈就在于育插秧环节无法取得突破，阻碍了整体水平的提高。因此，首先必须加大机械化育插秧技术的研究力度，开发适用性强的育插秧机械装备；其次，继续加强机械化育插秧的技术推广，加大各级财政补贴力度，让农民用得起用得好；最后，探索形式多样的机械插秧服务模式，如订单作业服务模式、农机作业服务组织育秧插秧一条龙服务模式、育秧企业向农民销售模式等。

6.4.2.2 加快农田改造步伐，提升机械作业效率

中东部坡度 15°以上耕地比例为 15.36%，2°～15°的耕地为 43.98%，小于 2°的耕地为 40.66%，可见中东部耕地虽然有坡度的耕地比重大，但坡度较小，如进行农田改造，动土工程量较小。因此，可加快该区域农田改造步伐，根据地形条件，将小块田改为大块田，减少田块边角，为农机作业提供便利，提升作业效率，促进该区域机械化又好又快的发展。

6.4.3 沿海发达两省农机化政策

6.4.3.1 推进耕地标准化进程，引导耕地适度规模经营

沿海地区地势较平坦，坡度小于 2°的耕地比例达到 67.46%，耕地禀赋条件好，可利用耕地重划、再分配等方法，将原本形状大小各异的耕地建设成大小一致、形状相同、方方正正的标准化耕地。此外，

该区域由于人多地少，劳均耕地面积小，耕地规模化经营程度低，制约了农机化的发展，因此，可鼓励农民自愿开展各种形式的耕地流转，促进耕地适度规模经营，实现农机化质与量的同步跨越式发展。

6.4.3.2 加强机插秧技术推广，提升农机化发展水平

同中东部一样，水稻是广东、浙江两省的优势作物，种植面积大，农民对机械化作业需求大，经过多年的发展，耕整地及收获环节的机械化水平有了长足进展，但机插秧环节依然较差。因此，必须加强机插秧技术的推广，从而全面提升农机化水平。

第7章
南方丘陵山区装备选型

　　农业机械化发展的根本是利用农业机械代替人工作业，必须科学选择适用的农业机械，才能发挥农业机械的作业效率。南方丘陵山区耕地条件是农业机械作业效率发挥的最大制约因素，因此，本章利用机械动力学原理，机械的田间转移成功与否作为农机选型的边界条件，进行南方丘陵山区装备选项研究。

7.1 南方丘陵山区稻田耕整地机械选型

　　南方丘陵山区水稻机械化水平发展较好，已经达到了76.64%，是水稻种植各环节中发展速度最快的环节。不过，部分条件恶劣的地区仍然以人畜力耕地，或以机械耕地但由于机械适用性差，劳动强度大且功效低。究其原委，主要是地形崎岖，机具转移难度大，危险性高，如图7-1所示。

　　由图7-1可知，在落差大、无机耕道的稻田间转移只能靠上拉下推的方式强行转移，该方法对劳动者的体力要求大，稍有不慎就会发生滚落甚至会有造成人员伤亡的风险，田间转移难度大是限制水稻机耕普及的最主要因素。因此丘陵山区要求机具的重量体积小。

83

图 7-1　耕整机田间转移

7.1.1　耕整机田间转移的力学分析（图 7-2）

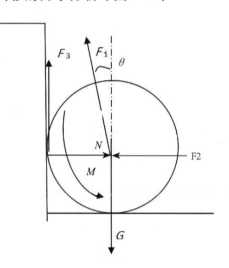

图 7-2　耕整机田间转移起步时的水田轮受力简图

各字母表示的参数如下：

G ——耕整机的重力，牛；

M ——耕整机发动机提供的力矩，牛·米；

N ——田埂对轮的法向支反力，牛；

F_3——田埂对轮摩擦力，实际应包括向上的支反力，此处统一简
　　　化为摩擦力，牛；

F_2——人对轮的推力，牛；

F_1——人对轮的拉力，牛。

由于地势崎岖的缘故，轮子必须匀速转动才能保证安全，因此，轮子必须满足力与力矩的平衡。

$$F_1 \cos\theta + F_3 - G = 0 \qquad (7-1)$$

$$F_1 \sin\theta + F_3 - N = 0 \qquad (7-2)$$

$$F_3 \leqslant N \cdot \mu \qquad (7-3)$$

$$F_3 R - M = 0 \qquad (7-4)$$

$$(G - F_1 \cos\theta) R - M = 0 \qquad (7-5)$$

上述式中：

R ——耕整机水田轮的半径，米；

μ ——水田轮与田埂之间的简化摩擦系数，该系数与水田轮的形状、田埂的土壤类型、土壤含水量等相关。

联立上述式子得：

$$G \leqslant F_1 \cos\theta + (F_1 \sin\theta + F_2)\mu \qquad (7-6)$$

式（7-5）中 θ 与田埂的高度及水田轮的半径密切相关，如图7-3所示。

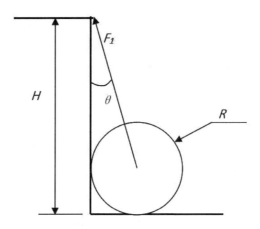

图7-3 耕整机田间转移时水田轮受人拉力示意图

如图7-3所示，当田埂高度 $H \geqslant R$，有如下关系式：

$$\tan\theta = \frac{R}{H-R} \qquad (7-7)$$

$$\cos\theta = \frac{H-R}{\sqrt{(H-R)^2+R^2}} \tag{7-8}$$

$$\sin\theta = \frac{R}{\sqrt{(H-R)^2+R^2}} \tag{7-9}$$

将式（7-8）、（7-9）代入式（7-6），得：

$$G \leqslant F_1\left(\frac{H-R}{\sqrt{(H-R)^2+R^2}} + \frac{R\cdot\mu}{\sqrt{(H-R)^2+R^2}}\right) + F_2\,\mu \tag{7-10}$$

上式中 F_1、F_2 为一般成年人可提供的最大拉力与推力，μ 为水田轮与田埂的摩擦系数，R 为水田轮的半径，三个参数都为常数。可知，上式为耕整机重力与田埂落差高度的关系式。耕整机重量与田埂落差高度呈反比，高度差越大，则重量必须越小。但是为了保障耕整机转移过程中的安全，田埂高度差不能无限大，必须确保在下面掌握方向的机手能一直控制耕整机的把手，因此，为了安全起见，当高度落差 $H \leqslant$ 成年人的平均身高 1.7 米时，才可考虑通过上拉下推的方式强行转移，当 $H \geqslant 1.7$ 米时，应设法采用其他方式转移。通过在丘陵山区的调研发现，南方丘陵山区在地势条件极其恶劣的情况下，多采用拆卸后分部件转移，该方式虽然繁琐，但能一人独立完成，且较安全。不过对于耕整机的结构要求高，必须结构设计合理简单，易拆卸组装，拆卸后不影响机具的密封性能，农民能通过说明书自学拆装技术，且拆卸组装工具必须简单易获得。

7.1.2 南方丘陵山区水田耕整机适用机型

南方丘陵山区水稻耕整地环节适用机型的确定，必须与相应的耕地条件相匹配，不同条件的耕地对机型的需求不同，因此，首先必须将南方丘陵山地的耕地进行科学划分，可根据指标分别进行分类，详见表7-1。

根据上述耕地分类，可分别制订不同耕整机配套方案，一类耕地可任意选用大中型或微型机具，只要确保机具在田中能自由作业；二类耕地则仅能选择小型耕整机、小型旋耕机或微耕机作业；三类耕地则需视耕地其他条件而做出相应选择方案。因此，对无机耕道的耕地仍需进行细化分类，详见表7-2。

表 7-1　以机耕道为标准耕地分类情况

分类	划分标准
一类	有机耕道，且可通过大中型机具
二类	有机耕道，仅能通过小、微型机具
三类	无机耕道

表 7-2　无机耕道水田分类

分类	划分标准
一类	田埂落差小于水田轮半径
二类	田埂落差大于水田轮半径但小于成年人的身高
三类	田埂落差大于成年人身高

由于水田轮半径规格不一，因此，一类耕地田埂落差的大小不是唯一常数，农户可根据田块面积大小、宽度以及实际转移难度等因素综合决定购置机具，其中水田轮的半径可选择比田埂高度大，增强机具的灵活性，节约人力，提高作业效率；二类耕地高度落差越高，则转移难度加大，危险性也越高，当田埂落差增大，农民选购的耕整地机械应减轻，方能提高机具田间转移的灵活性，确保作业时的人身财产安全；三类耕地田埂落差过大，机具田间转移已经超出了人的安全可控范围，出现安全事故的概率激增，为了防范安全事故的发生，此类耕地不宜进行机械化作业。

南方丘陵山区水稻耕整地机械种类较多，大致可分为驱动式耕整作业机械与牵引式耕整作业机械两类。详见表 7-3。

表 7-3　水田耕整地机械分类

分类	名称	配套动力机具
驱动式耕整地机械	旋耕机	拖拉机
	微型耕耘机	自带动力
	机耕船	自带动力
	耕整机	自带动力
牵引式耕整地机械	铧式犁	拖拉机
	耙	拖拉机

机耕船常用于地势平坦的烂泥田，在丘陵山区不适用。旋耕机不同的作业幅宽，需要不同功率的拖拉机驱动，机具重量差异较大，因此必须对旋耕机的机型进行细分，才能确定其适用性。旋耕机的配套动力机具可分为乘坐式拖拉机与手扶拖拉机两种，不同拖拉机配套的旋耕机的参数不同，详见表7-4、表7-5。

表7-4　手扶拖拉机配套的旋耕机基本参数

参数名称	参数值
配套动力（kW）	≤ 11
作业速度（km/h）	1～3
工作幅宽（cm）	40, 50, 55, …, 100

数据来源：《JB/T 9798.1》

表7-5　乘坐式拖拉机配套的旋耕机基本参数

	轻小型				基本型				加强型			
幅宽（cm）	75	100	125	150	125	150	175	200	150	175	200	225
配套动力（kW）	11～15	11～18	11～18	15～18	18～26	22～37	26～44	37～48	37～41	37～48	41～55	48～59
每米幅宽重量（kg/m）	150～200				180～260				200～300			
刀辊转速（r/min）	150～350											
作业速度（km/h）	1～4				1～5				2～5			
刀辊回转半径（mm）	195, 210, 225, 245				195, 210, 225, 245, 265				225, 245, 260			

数据来源：《GB/T 5668.1》

乘坐式拖拉机配套的旋耕机在丘陵山区田间有落差的耕地中转移十分困难，在面积小的耕地中不易掉头，作业效率低，因此该类机型可选择在机耕道建设较好、地势平坦的水田作业。手扶拖拉机也较笨重，可选择田间落差小于轮胎半径的耕地作业。丘陵山地水稻耕整地环节应主要以微型耕耘机与耕整机，其技术参数详见表7-6、表7-7。

微耕机配套动力一般≤7.5千瓦，常用的有3千瓦、4千瓦、5千瓦、6千瓦、6.3千瓦几类。由表7-6可知，微耕机重量≤150千克，当功率为3千瓦时，重量≤120千克。设微耕机的轮胎半径为300毫米，轮胎与田埂之间的摩擦系数为2，设正常成年人可提供的推拉力为500牛，当微耕机重量为150千克时，田间高度为1.7米时，人对耕整机的推力与拉力需求见下式：

$$F_1+2F_2 \leqslant 1500 \qquad (7\text{-}11)$$

按照正常人的最佳施力姿势下，正好可以满足条件，因此，微耕机在田间落差小于人身高时可以适用。

表7-6　微耕机主要技术性能指标

项目	指标
微耕机总长（mm）	≤ 1800
微耕机结构质量（无工作部件）（kg）	≤ 150
结构比质量（无工作部件）（kg/kW）	≤ 40

数据来源：《JB/T 10266.1》

表7-7　耕整机技术指标

项目		指标
理论速度（km/h）		1.0～5.5
最大牵引力（N）	<2.2kW	≥ 600
	2.2～4kW	≥ 1000
	>4kW	≥ 1200
结构比质量（带犁）（kg/kW）	≤ 2.2kW	≤ 66
	>2.2kW	≤ 58

南方丘陵山区耕整机主要有1Z20、1Z23、1Z30、1Z31、1Z41、1Z51等几种型号，配套动力一般为2.2～6千瓦，小于2.2千瓦的动力无法提供充足的牵引力，作业质量差。因此可以估算耕整机重量分布范围为120～350千克。由式（7-10）可知，田间落差为成年人身高时，机具安全转移重量是150千克，因此，重量为150～350千克的机具对田间落差的适用范围逐级减小。当整机重量为350千克时，按照人能提供500牛推拉力以及轮与田埂摩擦系数为2计算，机具可在落差小于水田轮半径1.5倍的田间安全转移。

根据上述分析可以得出南方丘陵山区水稻耕整地环节的适用机型，如表7-8所示。

表7-8 南方丘陵山区水田适用耕整地机械

耕地类型	适用机型
地势平坦，田间无落差	乘坐式拖拉机配套旋耕机或铧式犁与耙
有机耕道或田间落差小于30cm	手扶拖拉机配套旋耕机、微耕机、耕整机
无机耕道、田间落差在30～45cm	微耕机、耕整机
无机耕道、田间落差在45cm至成年人身高	微耕机、耕整机随落差增大重量逐级减小
无机耕道、田间落差大于成年人身高	选择人畜力耕地

7.2 南方丘陵山区水稻种植环节机械选型

南方丘陵山区水稻种植环节机械化发展最为滞后，机械化水平仅为7.35%，已经成为制约南方丘陵山区水稻全程机械化的最主要环节，加快发展该环节机械化刻不容缓。

7.2.1 当前水稻机械化制约因素分析

如表7-9所示，南方丘陵山区坡度小于2°的耕地面积为1386.618万公顷，而机插秧总面积仅为126.202万公顷，机插秧面积仅占小于2°的耕地面积的9.10%。其中占比最大的重庆市也仅为71.32%，占比最小的云南省仅为0.20%。耕地坡度小于2°即耕地已经非常平坦，可满足各类大中型插秧机械自由作业、转移，但条件优越的耕地并没有带来机耕水平的发展，可见在目前水稻机械化处于起步阶段，地形条件并不是制约水稻种植机械化发展的主要因素。

表7-9 南方丘陵山区机插秧面积与条件优良耕地面积对比

省市	机插秧面积 （万hm²）	≤2°耕地面积 （万hm²）	机插秧面积占≤2° 耕地面积比例（%）
浙江省	12.729	156.542	8.13
福建省	2.573	55.752	4.62
江西省	30.600	112.757	27.14
湖北省	36.703	237.653	15.44
湖南省	8.756	142.316	6.15
广东省	6.738	249.425	2.70
广西省	13.226	202.449	6.53
重庆市	8.667	12.151	71.32
四川省	3.593	111.634	3.22
贵州省	2.464	29.124	8.46

省市	机插秧面积 （万 hm²）	≤ 2° 耕地面积 （万 hm²）	机插秧面积占≤ 2° 耕地面积比例（%）
云南省	0.153	76.814	0.20
地区合计	126.202	1386.618	9.10

数据来源：2011 年中国农机化统计年鉴、人地系统主题数据库

如图 7-4 所示，2004 年以来，全国水稻插秧机年单机平均作业量约为 16 公顷，南方丘陵山区插秧机年单机作业量不稳定，最高量为 2004 年，达到了 45.12 公顷，最低为 2009 年的 18.99 公顷，均高于全国平均水平，可见，现有水稻插秧机技术在南方丘陵山地适用性强，作业效率并不低，因此机具的技术成熟度也并不是南方丘陵山区水稻种植机械化发展的主要制约因素。

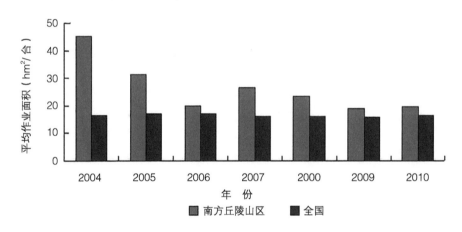

图 7-4 水稻插秧机年单机平均作业面积
数据来源：2005—2011 年中国农机化年鉴

排除地形与机具技术条件两大因素后，只能探析经济因素与水稻种植机械化发展的关系，机械化发展的一个重要基础是耕地适度规模经营，由于插秧机价格普遍较高，小规模的散户不可能购置自用，用户是从事农机社会化服务的组织或者种粮大户、农场等耕地经营规模大的主体，农机社会服务组织的发展会带动农村劳动力的解放，从而减少农业从业人员数量，增加劳均耕地面积，而种粮大户等耕地经营

主体的发展必然会带动农村耕地的流转集中，同样会推动劳均耕地面积的增长。因此，通过对水稻主要种植区的机插水平与劳均耕地面积的关系分析，可得出水稻种植环节机械化发展与耕地适度规模经营的关系。

表7-10选取了东北三省与南方稻区的劳均耕地面积及水稻机插秧水平两大指标，基于 EXCEL 做回归分析得到如图7-5所示的回归关系。

表7-10　水稻主产区劳均耕地面积与机插水平

省（区、市）	劳均耕地面积（hm²/人）	机插水平（%）
辽 宁	0.59	36.10
吉 林	1.07	44.85
黑龙江	1.51	81.77
上 海	0.51	36.40
江 苏	0.53	48.00
浙 江	0.29	14.70
安 徽	0.36	13.38
福 建	0.21	2.97
江 西	0.32	8.00
湖 北	0.47	19.88
湖 南	0.20	3.46
广 东	0.18	3.51
广 西	0.27	6.31
海 南	0.32	2.86
重 庆	0.34	12.70
四 川	0.28	7.89
贵 州	0.37	3.58
云 南	0.36	0.21

数据来源：2011 年中国农机化年鉴

如图7-5所示，2010年水稻机插秧水平与劳均耕地面积的回归关系为：

$$Y=59.636X-7.9154 \tag{7-12}$$

式中：

Y——机插秧水平，%；

X——劳均耕地面积，公顷/人。

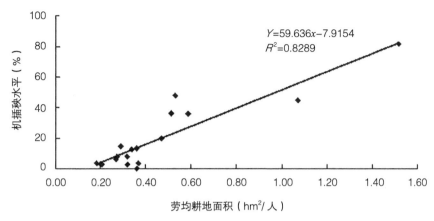

图 7-5 2010 年水稻机插秧水平与劳均耕地面积的回归关系

　　回归显著性系数 R^2=0.8289，说明 82.29% 的数据都符合该回归关系。可见，我国水稻机插秧水平与耕地的适度规模经营有较强的线性关系，因此，现阶段应重点扶持农机社会化服务组织的发展壮大，解决其发展过程中存在的资金、土地、购机补贴指标等各项难题，着力推动农机社会化服务规模与质量的提升，带动水稻机插秧的发展；同时，应该积极探索多种耕地有效流转模式，推动土地的适度规模经营，才能有效提升机具的利用效率，增强农机社会服务的经济效益，促进水稻机插秧的发展。

　　当水稻机械化插秧发展到一定程度时，农机作业服务组织为了增大作业服务规模，作业区域必将向耕地条件差的地区拓展，此时，地形条件将是机插秧无法规避的第一大制约因素，因此，对插秧机与地形条件的适用性规律研究将有助于推动南方丘陵山地机插秧中后期的发展。

7.2.2 典型插秧机机械技术参数

　　现有水稻种植机械种类繁多，由于直播机、抛秧机保有量小且占种植机械总保有量的比例逐年下降，对水稻种植机械化的贡献率低，因此本文仅讨论水稻插秧机。水稻插秧机主要有以下几大种类，见表 7-11。

表 7-11　水稻插秧机种类

类型	行数	代表机型
手扶式	2	PS-15
	4	2ZS-4
	6	SPW-68C
四轮乘坐式	4	2ZGQ-4
	6	2ZGQ-6
	8	2ZGQ-8
独轮乘坐式	4	2Z-CZ4
	6	2Z-6300
	8	2Z-8238

各代表机型的主要技术参数详见表 7-12。

表 7-12　水稻插秧机代表机型的技术参数

机型	重量（kg）	功率（kW）	生产速度（m/s）	外形尺寸（mm）
PS-15	70	1.2	0.30～0.66	1820×880×940
2ZS-4	172	2.0	0.34～0.77	2560×1480×930
SPW-68C	185	3.3	0.28～0.77	2370×1930×910
2ZGQ-4	304	3	0.1～1.0	2540×1550×1260
2ZGQ-6	590	8.5	0～1.43	3000×2210×1495
2ZGQ-8	800	13.4	0～1.6	3350×2795×1800
2Z-CZ4	240	2.94	0.35～0.58	2415×1500×1300
2Z-6300	290	2.94	0.35～0.58	2410×2312×1300
2Z-8238	320	3.68	0.35～0.58	2415×2165×1300

由表 7-12 可知，手扶式插秧机重量较小，重量分布在 70～200 千克；独轮乘坐式插秧机次之，重量分布在 200～350 千克；四轮乘坐式插秧机重量最大，重量分布在 300～800 千克。机具在田间转移过程中还必须由驾驶员操作，那么独轮乘坐式与四轮乘坐式插秧机还需加上驾驶员本身的重量 60 千克左右，重量会更大，因此田间有落差的耕地中，手扶步进式是最理想的机型。因此，本文通过建立手扶步进式插秧机在田间转移的力学模型，探索机具对地形的适用性规律，寻找在不同耕地中最适宜机型。

7.2.3 手扶步进式插秧机田间转移力学分析及适用性研究

手扶步进式插秧机田间转移方式与小型耕整地机械类似,上拉下推的方式同样是该类机型的最佳转移方式,不过由于插秧机结构复杂,通过拆卸分部件转移无法实现。

图7-6 手扶步进式插秧机爬坡图

如图7-6所示,插秧机一般由汽油机带动,动力小,爬坡能力不足,必须通过人施加外力拉动才能实现爬坡,而在南方丘陵山区坡度是一大特色,因此插秧机的田间转移是机具在该区域适用的最大制约因素。但是插秧机结构由于底盘过低,在水田田埂坡度近乎90°的条件下,如不加辅助设施,轮子接触不到田埂面,因此必须通过架桥等辅助设施减小坡度才能实现机具的转移。通过建立如图7-7所示的手扶插秧机田间转移的动力学分析模型,解析不同技术参数的手扶插秧机的田间转移能力。

手扶插秧机由于分插机构及液压仿形板与轮轴距离远,且离地间隙小,不能通过强行压低以无限加大机具上仰角度,因此,当坡度达到极限时,会形成如图7-7所示的机具前后最低位置与地接触的情况,可见桥面与地面所形成的夹角大小,决定了机具能否顺利从田间转移到桥面上。因此,必须计算出机具能顺利从田间转移到桥面上的最大夹角。

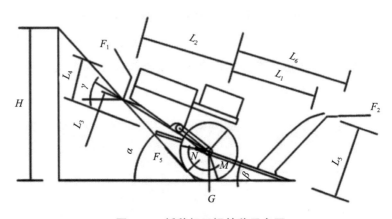

图 7-7 插秧机田间转移示意图

设液压仿形板后端到轮轴的距离长为 L_1，发动机前端的保险架与轮轴的纵向距离为 L_2，与轮轴的高为 L_3，轮子的半径为 R，液压仿形板与轮轴在同一平面内，仿形板末端接地后与地面的角度为 β，机具水平放置时，保险架前端与轮轴之间的连线相对水平面所形成的仰角 γ。各参数有如下关系式：

$$\tan\gamma = \frac{L_3}{L_2} \tag{7-13}$$

$$\sin\beta = \frac{R}{L_1} \tag{7-14}$$

$$\tan\alpha = \frac{\sqrt{L_3^2 + L_3^2}\sin(\gamma+\beta) + R}{R\cdot\tan\dfrac{\alpha}{2} + L_2^2 + L_3^2 - R^2} \tag{7-15}$$

$$\sin(\beta+\gamma) = \frac{L_3}{\sqrt{L_2^2+L_3^2}}\frac{\sqrt{L_1^2-R^2}}{L_1} + \frac{L_2}{L_2^2+L_3^2}\frac{R}{L_1} \tag{7-16}$$

$$\frac{R}{\cos\alpha} + \tan\alpha\sqrt{L_2^2+L_3^2} - R = \frac{L_3\sqrt{L_1^2-R^2} + L_2R + 2L_1R}{L_1} \tag{7-17}$$

由于 PS-15 机型重量只有 70 千克，可通过人力抬升的方式上桥，因此不需计算其极限角。将 2ZS-4 及 SPW-68C 相关参数代入式（7-17），分别计算各类机型可爬极限坡度如表 7-13 所示。

表7-13　2ZS-4及SPW-68C手扶步进式插秧机可爬极限坡度

机型	L_1 (mm)	L_2 (mm)	L_3 (mm)	R (mm)	α
2ZS-4	1000	1000	250	330	40°
SPW-68C	900	900	250	330	44°

上述极限坡度仅考虑了机具的结构参数，要确保能顺利实现田间转移，还必须满足运动学要求。按照两人合作完成转移的人员配备，建立机具转移时的运动学模型。

机具在向上的初速度为0时，轮子一直处于匀速转动中，轮子与桥面处于打滑的状态，因此轮子应该受到沿桥面向上的滑动摩擦力。机具整体受力状态如图7-8所示，根据动力学平衡原理建立机具的力学模型。

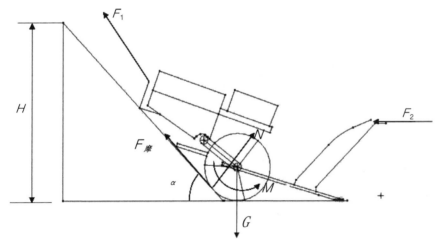

图7-8　手扶步进插秧机田间转移时受力图

（1）任何瞬间，机身相对轮子保持平衡。因此将轮子视作机架，机身应保持力矩的平衡。机身受拉力F_1，水平推力F_2，重力G，及轮毂的支撑反力，F_1与水平面的夹角为θ，机具水平放置时，保险架上端与轮轴的高度差为L_4，两者连线与水平面夹角为δ，把手与轮轴的高度差为L_5，水平距离为L_6；人拉绳子时手距脚板的距离为h。

$$\tan\theta = \frac{H + h - RL_2^2 + L_4^2\sin(\delta + \beta)}{H \cdot \cos\alpha - L_2^2 + L_4^2\cos(\delta + \beta)} \tag{7-18}$$

$$\sin\delta = \frac{L_4}{\sqrt{L_2^2 + L_4^2}} \tag{7-19}$$

$$F_1\sqrt{L_2^2 + L_4^2}\sin(\theta - \delta - \beta) = F_2\frac{L_6\sqrt{L_1^2 - R^2}L_5R}{L_1} \tag{7-20}$$

（2）机具在转移过程中，应保持力的平衡。

$$F_1\sin\theta + F_摩\sin\alpha + N\cos\alpha - G = 0 \tag{7-21}$$

$$F_1\cos\theta + F_摩\cos\alpha + F_2 - N\sin\alpha = 0 \tag{7-22}$$

$$F_摩 \leqslant N \cdot \mu \tag{7-23}$$

$$F_摩 R = M \tag{7-24}$$

联立式上述方程式，得：

$$F_2 = F_1\frac{\tan\theta(L_2\sqrt{L_1^2 - R^2} - L_4R) - L_4\sqrt{L_1^2 - R^2} - L_2R}{(L_6\sqrt{L_1^2 - R^2} - L_5R)\sqrt{1 + \tan^2\theta}} \tag{7-25}$$

$$F_1\cos(\theta - \alpha) - F_1 \cdot \mu \cdot \sin(\theta - \alpha) + F_2\cos\alpha + F_2 \cdot \mu \cdot \sin\alpha \geqslant G$$
$$(\sin\alpha - \mu \cdot \cos\alpha) \tag{7-26}$$

$$\tan\theta = \frac{L_1(H + h - R) - L_4\sqrt{L_1^2 - R^2} - L_2R}{L_1 \cdot H \cdot \cos\alpha + L_4R - L_2\sqrt{L_1^2 - R^2}} \tag{7-27}$$

上述式中：

h ——人处于最易发动拉力的姿势时，手距脚板高度，按照一般成年人的身高估算约为 1000 毫米；

F_1——普通成年人可提供的最大拉力，按照人一般拉动重量约为 50 千克左右估算，拉力取为 500 牛；

R ——车轮半径，筛选出的三款典型机具车轮半径均为 330 毫米；

μ ——车轮与桥面的滑动摩擦系数，车轮的材料为钢，桥的材料一般用木材，钢与木材的摩擦系数一般为 0.15 ～ 0.25，本文选择 0.20。

将表 7-12 中 PS-15、2ZS-4 与 SPW-68C 手扶步进式插秧机的相关技术参数代入上述公式中，可得表 7-14 所示的适用坡度数据。

表 7-14　PS-15、2ZS-4 及 SPW-68C 手扶步进式插秧机适用坡度

机型	G (kg)	L_1 (mm)	L_2 (mm)	L_3 (mm)	L_4 (mm)	L_5 (mm)	L_6 (mm)	H (mm)	α
PS-15	70	700	700	200	300	600	1100	≤ 1300 >1300	$90°$ $<\arccos\frac{475}{H}$
2ZS-4	172	1000	1000	250	450	600	1500	≤ 2500 >2500	≤ 33° ≤ 32°
SPW-68C	185	900	900	250	450	600	1400	≤ 2200 >2200	≤ 25° ≤ 24°

由表 7-14 可知三款主要机型的手扶式步进适用坡度分别是 $\arccos473/H$、33°、25°，当通过辅助方式减小田埂坡度，同时也减小了机具转移时的可操作的田块宽度，因此，田块宽度也成为机具适用的指标之一。三款机型适用田块宽度详见表 7-15。

表 7-15　PS-15、2ZS-4 及 SPW-68C 手扶步进式插秧机适用田块宽度

机型	田块高度 H (m)	适用宽度 (m)
PS-15	≤ 1.3 >1.3	1.8 2.3
2ZS-4	≤ 2.5 >2.5	1.5H+2.6 1.6H+2.6
SPW-68C	≤ 2.2 >2.2	2.1H+2.4 2.2H+2.4

如表 7-15 所示，两行手扶式水稻插秧机可适用宽度小于 2.3 米的水田，四行与六行手扶式插秧机的要求田块宽度必须在 3 米以上，而且宽度还须随着田间落差高度的增加而增大。据此，我们可对不同耕地类型适用插秧机进行科学划分。

（1）地势平坦，田块面积大，且机耕道建设完备的地区可以选择：四轮乘坐式插秧机，其中四行乘坐式插秧机适用的田块最小宽度应大

于 3 米，六行乘坐式插秧机适用的田块最小宽度应大于 5 米，八行乘坐式插秧机适用的田块最小宽度大于 6 米；独轮乘坐式插秧机，其中四行独轮乘坐式插秧机适用的田块最小宽度应大于 3 米，六行及八行独轮乘坐式插秧机适用的田块最小宽度应大于 5 米。

（2）无机耕道的耕地应选择手扶步进式插秧机，田间落差在 0.5 米内，宽度大于 3m 的耕地可选择六行的手扶式插秧机，落差大于 0.5 米，宽度大于 3 米的耕地可选择四行手扶式插秧机，耕地宽度小于 3 米时，只能选择四行手扶式插秧机。

（3）无机耕道且田块宽度小于 2.3 米或落差大于 2.5 米的耕地在当前不适宜发展机械化插秧，可选择手工插秧、抛秧或直播等方式。

7.3 南方丘陵山区水稻收获机械选型

收获是水稻种植中耗工量最大，且劳动强度最高的作业环节，发展水稻机械化节本增效的效果最大，是农民最迫切的需求。目前南方丘陵山区水稻收获机械化水平为 48.10%，接近中级发展水平，总机收面积为 1 073.299 万公顷，占该区域坡度 ≤ 2° 耕地面积的 74.80%。可见现阶段南方丘陵山区水稻收获机械化作业主要集中在耕地禀赋条件较好的地区，但该区域禀赋条件好的耕地面积小，超过 50% 的耕地坡度在 6° 以上，因此，随着水稻收获机械化进程的继续推进，耕地坡度大、落差高、面积小等客观因素将成为不可避免的问题，对装备需求的结构将发生巨大的变化。其中最主要的制约因素将是机具田间转移难度大。

7.3.1 谷物联合收割机田间转移力学分析

谷物联合收割机由于体积与重量大，在田间落差大的耕地中转移时需要通过架桥或者挖坡等方式制造较小的辅助坡度，不同机型所需坡度不同。人为制造坡度必然会占用一定的田间宽度，留给机具上坡的空间变小，因此不同条件的耕地所需机型差异较大，通过对机具田间转移时的力学分析，算出不同重量机型所需坡度，再结合耕地与机具的结构参数进行分析，可得出不同耕地的机型适用情况。由于稻田土壤含水量大，轮式联合收割机对土壤的压强大，易下陷，因此，稻田应选择履带式联合收割机。

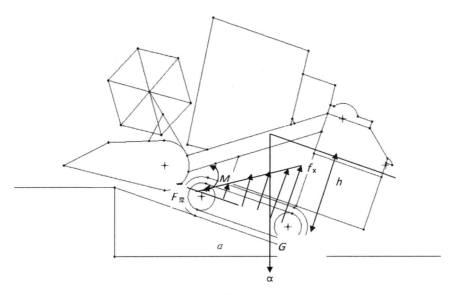

图 7-9 乘坐式谷物联合收割机田间转移时的受力图

图 7-9 中各参数代表的含义如下：

α ——收割机转移时，搭桥与田面的夹角；

h ——收割机重心高度，米；

G ——乘坐式收割机与驾驶员所受重力之和，牛；

$F_摩$——收割机受到的沿桥面向上的滑动摩擦力，牛；

N ——桥对收割机沿桥面法向的支撑力，牛；

M ——收割机的额定驱动力矩，牛·米。

为了安全转移，必须确保联合收割机的前后轮均没脱离桥面，此时联合收割机应受到图 7-9 所示的变力组，临界状态时前轮的支反力为 0，由力平衡原理可知，履带式收割机所受的力应满足以下条件：

$$\int_0^1 a \cdot x\,dx = G\cos\alpha \qquad (7\text{-}28)$$

$$\int_0^{\frac{1}{2}} a \cdot x\left(\tfrac{1}{2}-x\right)dx + G \cdot h \cdot \sin\alpha \leqslant \int_{\frac{1}{2}}^1 a \cdot x\left(x-\tfrac{1}{2}\right)dx \qquad (7\text{-}29)$$

$$F_摩 = G\sin\alpha \qquad (7\text{-}30)$$

$$F_摩 \leq N \cdot \mu \qquad (7\text{-}31)$$

$$M \geq G\sin\alpha \cdot h \qquad (7\text{-}32)$$

上述式中 μ 为收割机履带与桥面的滑动摩擦系数，履带材料为橡胶，桥的材料为钢，橡胶与钢的摩擦系数为 0.75，l 取为收割机总长的一半。

不过手扶式谷物联合收割机的受力与乘坐式不同，建立手扶式谷物联合收割机受力模型如图 7-10 所示。

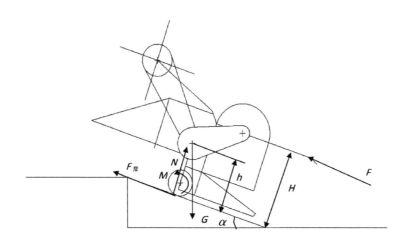

图 7-10　手扶式联合收割机受力图

图 7-10 中各参数代表的含义如下：

α ——收割机转移时，搭桥与田面的夹角；

G ——收割机重力，牛；

h ——收割机重心高度，米；

H ——收割机把手高度，米，根据人体机构学可知，把手高度最佳位置应位于人体胸前，约为 1 米；

$F_摩$——收割机受到的沿桥面向上的滑动摩擦力，牛；

N ——桥对收割机沿桥面法向的支撑力，牛；

M ——收割机的驱动力矩，牛·米；

F ——机手对收割机沿桥面向上的推力，根据普通成年人可推动50 千克估算，推力选为 500 牛。

由力平衡原理可知，收割机所受的力应满足以下条件：

$$F_{摩} \leqslant N \cdot \mu \qquad (7-33)$$

$$F_{摩} + F = G\sin\alpha \qquad (7-34)$$

$$N = G\cos\alpha \qquad (7-35)$$

$$M + F \cdot H - G\sin\alpha \times h \geqslant 0 \qquad (7-36)$$

7.3.2 南方丘陵山区水稻联合收割机适用机型

水稻联合收割机以动力供给方式可分为牵引式、悬挂式和自走式三种，以喂入方式可分为全喂入与半喂入两种，以行走装置的类别可分为履带式与轮式两种，以驾驶员操作方式可分为乘坐式与手扶式两种，以机具重量划分可分为大、中、小型三种。本文主要以机具田间转移与耕地落差之间的关系为依据，探索不同耕地对机具的技术需求，通过 7.3.1 中的分析可知，与之关系密切的主要是机具的重量、结构尺寸等因素。根据喂入量或收割行数对联合收割机进行大小划分如表 7-16 所示。

表 7-16　谷物联合收割机大小分类表

机具种类	大型	中型	小型	微型
全喂入履带式（kg/s）	≥ 2.8	1.8 ~ 2.8	0.8 ~ 1.8	<0.8
半喂入履带式（行数）	≥ 4	3	2	

根据表 7-16 对谷物联合收割机的分类，全喂入式联合收割机分别选取两款典型机型，半喂入式选取一款典型机型，选择各机型的整机重量、总体尺寸（长 × 宽 × 高）以及机具 12 小时标定功率等三个技术参数，详见表 7-17。

表 7-17　水稻联合收割机典型机型技术参数

机型	重量（kg）	长 × 宽 × 高（mm）	12 小时标定功率（kW）
4LZ-3.5 全喂入履带式	4000	5300 × 4670 × 3220	66.2
4LZ-3.0 全喂入履带式	3800	5560 × 5000 × 3250	66.2
4LZ-2.5 全喂入履带式	2780	4860 × 2295 × 2765	50
4LZ-1.8 全喂入履带式	2330	4940 × 2200 × 2050	40
4LZ-1.5 全喂入履带式	1950	4500 × 2700 × 2700	32.4

机型	重量 （kg）	长 × 宽 × 高 （mm）	12 小时标定功率（kW）
4LZ-1.0 全喂入履带式	1050	3500 × 1650 × 1600	17
4LZ-0.6 全喂入履带式	500	2800 × 1650 × 1700	7
4LZ-0.3 全喂入履带式	230	2200 × 1370 × 1290	11.1
4LBZJ-140D 半喂入	2780	4180 × 2000 × 2350	60
4LBZ-120 半喂入	1060	2290 × 1290 × 1650	16.2
4LBZJ-77B 半喂入	1055	2695 × 1540 × 1660	10.3

表 7-17 所示的联合收割机机型中，微型联合收割机为手扶式，其余机具均为乘坐式。谷物联合收割机的结构差异大，但是为了增强机器的爬坡性能及运行稳定行，机具重心设计要求较低，因此，本文取机具的中心为收割机总体高度的 1/3，手扶式的把手高度必须符合人体结构学要求，按照普通成年人平均身高估算为 1 米左右。

收割机的驱动力矩 M 应该满足下式：

$$M = \frac{9550P \cdot \varepsilon}{n} \tag{7-37}$$

式中：

P ——联合收割机 12 小时标定功率，千瓦；

n ——联合收割机驱动轮的转速，取为 600 转 / 分钟；

ε ——联合收割机传系统的效率（包括作业装置部分的损失），取为 50%。

联立式（7-37）与 7.3.1 中收割机的力学模型，可得出不同机型适用的爬坡角度，如表 7-18 所示。

田块的宽度决定了联合收割机能否顺利掉头上桥直至成功实现田间转移，当田间落差高为 A 时，田间宽度 B 必须满足以下条件机具才能顺利实现田间转移。

$$B \geq A \cdot \cot\alpha + L \tag{7-38}$$

式中：

L ——联合收割机的总长，米；

α ——联合收割机适用的可爬极限坡度。

由式（7-38）可求得各主要机型适用的田间落差与田块宽度之间的关系如表7-18所示。

表7-18　典型联合收割机适用爬坡角度及田块宽度

机型	适用坡度 α	田块宽度 B（m）
4LZ-3.5 全喂入履带式	≤ 22°	5.3+2.5A
4LZ-3.0 全喂入履带式	≤ 23°	5.6+2.4A
4LZ-2.5 全喂入履带式	≤ 23°	4.9+2.4A
4LZ-1.8 全喂入履带式	≤ 31°	4.9+1.7A
4LZ-1.5 全喂入履带式	≤ 22°	4.5+2.5A
4LZ-1.0 全喂入履带式	≤ 28°	3.5+1.9A
4LZ-0.6 全喂入履带式	≤ 41°	2.8+1.2A
4LZ-0.3 全喂入履带式	≤ 47°	2.2+A
4LBZJ-140D 半喂入	≤ 23°	4.2+2.4A
4LBZ-120 半喂入	≤ 19°	2.3+2.9A
4LBZJ-77B 半喂入	≤ 22°	2.7+2.5A

根据上述分析可制定出不同耕地类型与收割机匹配制度。

（1）通机耕道或耕地落差小于 0.5 米时。田块宽度大于 6 米，所有履带式联合收割机都可选择；田块宽度为 2 ～ 6 米，可选择中小型联合收割机；田块宽度小于 2 米，可选择微型收割机。

（2）耕地落差在 0.5 ～ 1 米时。耕地宽度大于 8.5 米，可选择大型联合收割机；田块宽度为 7 ～ 8.5 米，可选择中型全喂入联合收割机或大型半喂入收割机；田块宽度为 5 ～ 7 米，可选择小型全喂入联合收割机或中小型半喂入联合收割机；田块宽度为 3 ～ 5 米，可选择微型全喂入联合收割机或中小型半喂入联合收割机。

（3）耕地落差在 1 ～ 1.5 米时。耕地宽度大于 9.5 米，可选择大型联合收割机；田块宽度为 8 ～ 9.5 米，可选择中型全喂入联合收割机或大型半喂入收割机；田块宽度为 6 ～ 8 米，可选择小型全喂入联合收割机或中小型半喂入联合收割机；田块宽度为 4 ～ 6 米，可选择微型全喂入联合收割机或中小型半喂入联合收割机。

（4）其他情况，则可选择背负式割晒机与机动脱粒机配套使用代替人工作业，适当提高劳动效率，减轻劳动强度。

第8章
地形对机械作业效率的影响与
效益研究

地形条件不仅决定了机械能否下地作业，同时也影响了机械在田间作业的效率，以及农机户的收益。本章通过田间试验的方式，对插秧机与收割机在不同面积的田块中作业的纯作业时间、掉头转弯时间、辅助作业时间等进行了跟踪测量，得到了耕地面积对作业效率的影响程度。

8.1 耕整地机械效率与效益比较分析

由于耕整地劳动强度最大，对劳动者体力要求最高，农民对于实现机械化的愿望最为迫切。同时，耕整地环节相对种植与收获实现机械化难度较低，只需与土壤及地形作用，没有农作物的阻碍，因此，耕整地机械化水平最高，机具保有量最多。通过调研发现，南方丘陵山区耕整地机械化作业普遍存在效率不高的问题，许多农机户因担心田块面积小效率低而不敢购置拖拉机，甚至基层农机推广部门也有类似的疑虑，因此，只有弄清田块面积对耕整地机械化效率的影响，才能有效对农机推广的科学决策提供依据，消除农机户的疑虑。

8.1.1 理论分析

耕整地机械一般由动力机械与配套耕作机械组成，丘陵山区耕整地机械主要是耕整机或微耕机，部分地形条件好的大户购置拖拉机与旋耕机。

由于耕整地作业没有作物的阻碍，无须刻意按照一定的路线行进。在平原地区田块面积大形状规则，为了提高生产效率，一般会尽量减少重耕率，但在丘陵山区小地块中则完全相反，为了提高效率，一般会尽量选择易于转弯掉头的路线行走，无须过多考虑重耕率。

机插与机收的行进目标均以农作物为准，纯作业、掉头转弯、其他辅助时间均有清晰的界限，但机耕则没有严格的界限，拖拉机或耕整机的机身在转弯的同时，其耕作部件仍然在与土壤发生作用，也可看作作业时间。因此，机耕只需考虑纯作业时间与休息故障等造成的停机时间。

8.1.1.1 纯作业时间

记耕整地机械作业速度为 V（转弯掉头的速度变化忽略不计），作业幅宽为 A，田块面积为 S，纯作业时间为 T_1。

$$T_1 = \frac{S}{V \cdot A} \qquad （8-1）$$

理论上，纯作业时间与田块面积呈正比。

8.1.1.2 其他时间

在整个作业过程中，除正常的作业时间外，仍可能有其他因素导致的其他时间，如机手休息、机具故障、加油等。

8.1.2 试验方法与材料

本次试验地点为湖南省新邵县迎光乡车塘村一种粮大户集中连片的水田，该种粮大户共承包水田面积300亩，全部种植双季稻。试验时间为2013年4月18—23日（早稻机耕期间），试验机具为40马力拖拉机配套旋耕机组、IZS-20双轮耕整机、IZS-20单轮耕整机（图8-1至图8-3）。

图 8-1　IZS-20 单轮耕整机作业情况

图 8-2　IZS-20 双轮耕整机作业情况

图 8-3　40 马力拖拉机配套旋耕机作业情况

　　IZS-20 单轮耕整机测试作业项目为耙地，IZS-20 双轮耕整机测试的作业项目为犁地，40 马力拖拉机测试的作业项目为旋耕。测试工具为秒表，由测试人员记录机具纯作业时间与其他停机时间。

8.1.3　结果与分析

　　耕整地机械化效率测试样本分布情况见表 8-1。

表 8-1　耕整地机械化效率测试样本分布情况

机具名称	测试田块数量	田块最大面积（亩）	田块最小面积（亩）
40 马力拖拉机	17	1.6	0.25
IZS-20 双轮耕整机	4	0.8	0.3
IZS-20 单轮耕整机	4	1.6	0.4

　　拖拉机为种粮大户所有，机手为大户本人。而两种耕整机为种粮大户所在村庄的两户农民所有，机手为户主本人。由于农民家地少，所以仅能采集到 4 块水田的试验数据。

表 8-2　IZS-20 单轮耕整机纯作业时间

田块面积（亩）	纯作业时间（s）	亩均作业时间（s/亩）
0.4	1624	4060
0.9	1989	2210
1.3	2563	1972
1.6	2422	1514

　　由于单轮耕整机机型为乘坐式，机具左侧有长达 1.5 米左右的平衡支架，增加了机具的占位空间，当田块面积较小时，机具转外掉头受阻，必须降低作业速度才能确保安全。如表 8-2 所示，单轮耕整机亩均作业效率随田块面积增大而提高，当田块面积超过或接近 1 亩时，机具作业效率并没有显著变化，因此，可以预见单轮耕整机最适田块面积应该超过或接近 1 亩。

表 8-3　IZS-20 双轮耕整机纯作业时间

田块面积（亩）	纯作业时间（s）	亩均作业时间（s/亩）
0.3	1805	6017
0.35	2433	6951
0.5	2384	4768
0.8	4779	5974

　　双轮耕整机机型为手扶步进式，作业速度远低于乘坐式，因此，作业效率明显低于单轮耕整机（表 8-3）。由于速度慢，机身小，掉头转弯几乎不受田块面积影响，因此，双轮耕整机不同面积作业效率基本没有变化，稳定在 6 000 秒／亩左右。

8.2 插秧机效率与效益分析

　　地形条件不仅决定了插秧机能否在丘陵山区使用，同时，即使在能使用的情况下也会影响其作业效率，导致农户使用插秧机作业成本高，农机户从事机插秧服务利润低，从而制约了插秧机在丘陵山区的推广应用。要解决插秧机推广难的问题，就必须找出地形条件对插秧机作业效率的影响程度，并计算出插秧机在丘陵山区的使用效益，才能为丘陵山区的插秧机的配备提供科学的依据。

8.2.1 理论分析

8.2.1.1 插秧机作业路径

插秧机作业过程可分为纯插秧时间、掉头转弯对行时间、加秧时间、其他时间(包括机具故障、休息等)。其作业行走路线如图8-4、图8-5所示。

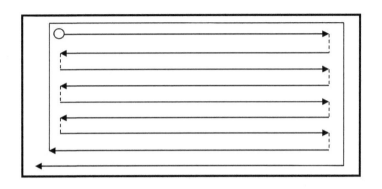

图 8-4 插秧机插秧过程中 S 形行走路线示意图

按照如8-4所示路线,插秧机顺着田块的长边插秧,短边掉头,但田块四周需预留可供插秧机掉头的空地,待中间部位全部插完再绕插一周,有漏插的地方进行人工补秧,即完成作业。S形路线插秧机掉头转弯的空走时间最少,但转弯的方向不断在左右边互换,对机手的技术要求高。

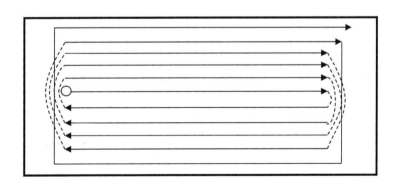

图 8-5 插秧机插秧过程中回形行走路线示意图

按照图 8-5 回形路线，插秧机纯插秧时间不变，但掉头转弯时间明显增多。但是该路线从始至终都按一个方向转弯，可更好地适应机手的选择性用手习惯，有利于操作。

8.2.1.2 纯作业时间分析

插秧机作业速度记为 V_1，行走速度为 V_2，田块面积为 S，田块长度记为 X，宽度记为 Y，理论总作业时间为 T_0，理论纯作业时间为 T_1，理论转弯掉头时间为 T_2，加秧时间为 T_3，其他时间为 T_4，插秧机转弯次数记为 K，插秧机作业行距为 A，行数为 N。

$$T_0 = T_1 + T_2 + T_3 + T_4 \qquad (8-2)$$

$$T_1 = \frac{S}{A \cdot N \cdot V_1} \qquad (8-3)$$

$$S = X \cdot Y \qquad (8-4)$$

由式（8-3）可知，理论上插秧机纯作业时间与田块面积呈正比，当插秧机型号及其作业速度一定时，田块面积越大，完成的时间越长。

8.2.1.3 转弯时间分析

将插秧机机身位置每转 90° 记为一次转弯，且最后插秧机绕插预留地的转弯计算在内，即插秧机沿长边插秧一次需转进与转出 2 次弯，但第一次与最后一次插秧只需转一次，因此转弯掉头次数 K 应为：

$$K = \frac{2Y}{N \cdot A} - 2 \qquad (8-5)$$

插秧机按照 S 形路线掉头的运动轨迹如图 8-6 所示。

如图 8-6 所示，插秧机每掉一次头即转了 2 次 90° 的弯。将插秧机的宽度固定为所有秧爪之间的距离，插秧机完成掉头后，最右边的一

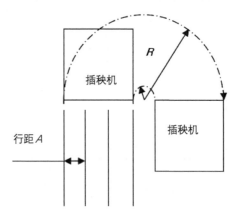

图 8-6 插秧机按照 S 形路线掉头的运动轨迹

个秧爪距掉头前的距离应等于插秧行距。设定插秧机为匀速圆周运动进行掉头,最左边的秧爪的速度为插秧机行走速度为 V_2。因此,S 形路线转弯时间应为:

$$T_2 = \frac{\pi R}{2V_2}(\frac{2Y}{N \cdot A} - 2)$$ （8-6）

$$R = (N - \frac{1}{2})A$$ （8-7）

联立式（8-6）与式（8-7）可得:

$$T_2 = \frac{\pi（2N-1）（Y - N \cdot A）}{2N \times V_2}$$ （8-8）

由式（8-8）可以看出,插秧机按 S 形路线转弯的时间与田块的宽度呈正比,当田块面积固定为 S 时,田块长宽比越小,则宽度越大,而插秧机转弯时间也越长。因此,田块越细长,插秧机作业效率越高。

插秧机按照回形路线掉头的运动轨迹如图 8-7 所示。

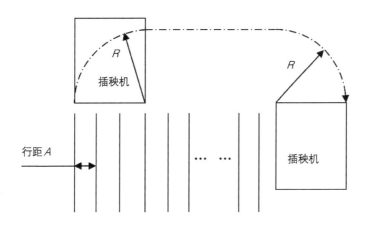

图 8-7　插秧机按照回形路线掉头的运动轨迹

如图 8-7 所示,按照回形路线掉头,由于始末位置距离逐次拉长,因此,掉头时间也越来越长,记第 i 次掉头时间为 T_{2i}。T_{2i} 比 $T_{2(i-1)}$ 多一倍作业幅宽的行走时间。第 1 次与第 i 次掉头时间分别为：

$$T_{2i} = \frac{\pi\ (N-1)\ A + A}{V_2} \tag{8-9}$$

$$T_{2i} = \frac{\pi\ (N-1)\ A + A}{V_2} + \frac{(i-1)\ N \cdot A}{V_2} \tag{8-10}$$

每次掉头含 2 次转弯，不包括插秧机最后绕插一周的转弯次数，记掉头总次数为 I。

$$I = \frac{Y}{N \cdot A} - 3 \tag{8-11}$$

$$T_{2i} = \frac{\pi\ (N-1)\ A + A}{V_2} + \frac{Y - 4N \cdot A}{V_2} \tag{8-12}$$

$$T_2 = \sum_{i=1}^{i=1} T_{2i} + 2\frac{\pi\ (N-1)\ A}{V_2} \tag{8-13}$$

联立上述式子，可得：

$$T_2 = \frac{(Y - 3N \cdot A)[\pi(N-1)A + A]}{V_2} + \frac{(Y - 4N \cdot A)(Y - 3N \cdot A)}{V_2(N \cdot A)} + 2\frac{\pi(N-1)A}{V_2} \tag{8-14}$$

由式（8-14）可以看出，按照回形路线掉头，插秧机的转弯时间与田块宽度的立方呈正比，随着田块的宽度增大，插秧机转弯时间将成倍增长，影响插秧效率。因此，当田块较宽时，不宜采用回形路线。

8.2.1.4 加秧时间

记秧苗穴距为 L，单穴苗株数为 M，而行距为 A，每盘秧的苗株数为 Z，每亩田的基本苗为 J，所需秧盘数为 P。

$$J = \frac{667M}{L \cdot A} \tag{8-15}$$

$$P = \frac{S \cdot J}{Z} = \frac{667S \cdot M}{L \cdot A \cdot Z} \tag{8-16}$$

假定秧苗供应及时，且秧苗均匀分布在田块短边的田埂上，则加每盘秧的时间大体相等，记每盘秧的时间为 t_3，则总加秧时间 T_3 应为：

$$T_3 = \frac{667S \cdot M}{L \cdot A \cdot Z} t_3 \qquad (8-17)$$

8.2.1.5 其他时间

除作业、转弯、加秧三大必要的环节外，作业过程中可能受各种不可控的因素影响而导致插秧机停机，增加总的作业时间。如机具故障、机手休息、秧苗供应不及时、燃油不足等，由于因素不可控，因此，时间也无法预知。

8.2.2 试验方法与材料

本次试验地点为湖南省新邵县迎光乡车塘村一种粮大户集中连片的水田，该种粮大户共承包水田面积 300 亩，全部种植双季稻。试验时间为 2013 年 4 月 18—23 日（早稻插秧期间），试验机具为 4 行手扶步进式插秧机，秧苗为大户在秧田中所育的 30 厘米的毯壮苗（图8-8）。

图 8-8 试验点早稻大田育秧苗

试验田单块面积从 0.2 ~ 2.2 亩不等，均已经过 50 马力拖拉机配套的旋耕机旋耕 1 遍，耕整机耙平 1 遍，并泡田沉浆 1 ~ 2 天，田中水深约 2 厘米，泥脚深约 15 厘米。秧田与待插试验田距离约 1000 米，其中前 500 米有一条不平坦的窄小泥路，可通过手推板车运秧，后 500 米需要人力挑秧。机手为种粮大户本人与其兄长，均为熟练的机手。另以每人每天 100 元的工资雇请了本村赋闲在家的中年妇女 7 人帮忙挑秧、补秧等辅助工作。试验人员通过连续跟踪机手在不同面积大小的耕地中作业，利用秒表记录纯作业时间、掉头时间、加秧时间、故障时间、休息时间、跨田时间。由于插秧机作业过程中不断重复插秧→掉头→插秧……。因此，记录的数据都是分段的，其中纯作业时间为各段插秧作业中插秧离合器的启动与关闭之间的时间；掉头时间为各相邻两段插秧作业之间不插秧而机器走动的时间；加秧时间为停机加秧起始点到加秧结束并重新开机止；故障时间为故障发生到排除故障并重新开机止（图 8-9）。

图 8-9　插秧机作业现场

8.2.3 结果与分析

8.2.3.1 纯插秧时间

实验中纯插秧时间只测插秧机插秧离合器处于闭合状态的时间段，

通过连续观测同一机手同一机器在同一区域内的作业,其作业速度基本保持恒定,得到插秧机在不同面积水田中的纯作业时间(图 8-10、图 8-11)。

图 8-10 试验人员记录试验数据

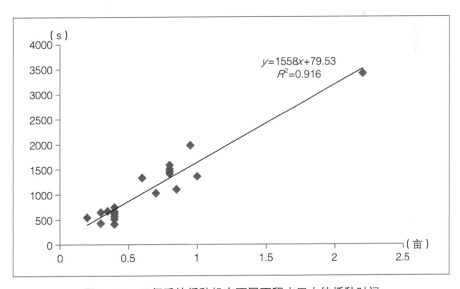

图 8-11 四行手扶插秧机在不同面积水田中纯插秧时间

如图 8-11 所示，插秧机纯作业时间与水田面积呈较强的线性关系。

$$T_1 = 1558\,S + 79.53 \qquad\qquad (8\text{-}18)$$

式中：

T_1——纯插秧时间，秒；

S ——水田面积，亩。

R^2 为 0.916，说明该回归方程在显著性水平为 0.1 能通过检验，这与理论分析得到的结论吻合，即在作业速度恒定、机具类型不变、作业要求相同的情况下，纯插秧作业时间与水田面积呈线性关系。

然而，该回归关系标准估计误差为 211.67，说明实际值与估计值有一定的偏差，造成偏差的原因是多方面的，通过实验发现主要有以下两大原因：

第一，作业速度并不是绝对恒定，由于手扶插秧机作业要求机手时刻不停在水田中深一脚浅一脚地跟着插秧机向前走，同时还须时刻掌握好插秧机的行走方向，保持机体与秧苗的距离，对机手体能要求非常高，非常容易疲劳，而疲劳后难以跟上插秧机的速度，从而稍微降低速度。

第二，水田形状差异较大，有的为方形，有的为长条形，有的有众多边角且数量不一，这种差异造成了每块田漏插率与碾压后重复插秧比率不相同，因此，实际插秧面积与每块田的面积存在较大的差异。

因此，引入速度误差系数 δ_V 与面积误差系数 δ_S，能得到各田块的实际纯插秧作业时间。

$$T_1 = 1558\,\delta_V \cdot \delta_S \cdot S + 79.53 \qquad\qquad (8\text{-}19)$$

8.2.3.2 转弯时间

实验中转弯时间只测秧爪停止插秧后而插秧机在田中行走的时间，所测田块机具均按 S 形路线作业，由于山区田块形状差异太大，无法测得各田块的长度与宽度，只通过询问农户获知田块面积，将测得的转弯时间分别与田块面积及假定田块为正方形的边长做回归，如图 8-12 和图 8-13 所示。

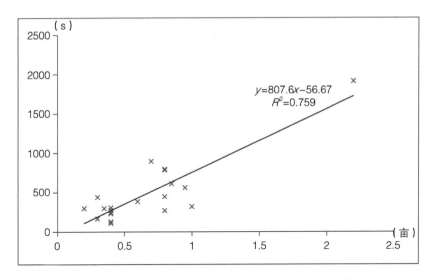

图 8-12　四行手扶插秧机在不同面积水田中转弯时间

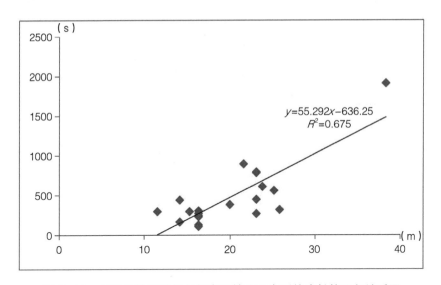

图 8-13　四行手扶插秧机与假定田块为正方形的边长的回归关系图

由图 8-12 与图 8-13 可知,两个回归的 R^2 均低于 0.8,说明四行手扶插秧机实际转弯时间与田块面积及边长均不存在显著的线性关系,与理论分析的结论相悖。但通过实验跟踪发现,生产实际与理论分析存在差异主要有以下几大原因:

第一,山区田块形状各异,同样面积大小的田块,有的细长,有的宽而短,有的像月牙,有的像红领巾,总之,田块宽度与田块面积没有显著的相关性，机手转弯根本无法套用在平原地区广泛适用的 S 形路线，只得因地形条件而走易于操作的路线，因此，转弯时间无法得到与理论上分析相似的结果。

第二，山区相邻水田间普遍存在高差，矗立成一道天然的屏障，阻碍从旁经过的插秧机掉头转弯，在田埂旁转弯掉头时，机手往往会显著降低速度，同时根据需要会在经过田埂时利用倒挡多次后退转弯实现掉头。由于田块之间高差不一，对插秧机转弯的阻碍大小不一，因此，插秧机转弯的时间存在较大的差异。

第三，山区水田普遍存在尖角，插秧机转弯掉头极为不便，甚至需要多人抬着机具帮助掉头，大大降低了转弯效率，由于各田尖角的数量与形状差异较大，因此，转弯时间存在较大的差异。

尽管插秧机转弯时间与田块面积没有直接的线性关系，但仍有一定的规律。将所有试验的田块分成 3 等：0.4 亩以下、0.4 ~ 0.8 亩、0.8 亩以上。其单位面积内的平均转弯时间如表 8-4 所示。

表 8-4　不同面积等级的插秧机单位面积转弯时间

面积等级	亩均转弯时间（s/ 亩）
0.4 亩以下	1075
0.4 ~ 0.8 亩	662
0.8 亩以上	622

注：亩均转弯时间 = $\sum \frac{各田转弯时间}{各田亩数}$ / 各等级田块数量

由表 8-4 可以看出田块面积越小，亩均转弯时间越长，可见田块面积越大，插秧机转弯越顺畅。因为田块面积越大，边角占总面积的比例越小，对插秧机转弯的阻碍相对较小。此外，可以看出当田块面积小于 0.4 亩时，亩均转弯时间显著增长，达到 1075 秒 / 亩；大于 0.4 亩时，亩均转弯时间则基本稳定。说明四行步进式插秧机在面积大于 0.4 亩的水田中作业基本能运转自如，但面积小于 0.4 亩对插秧机的阻碍则变得较大。

8.2.3.3 加秧时间

实验中测的加秧时间为从插秧机停机到加秧完成并开机止，所测加秧时间与田块面积的回归关系如图8-14所示。

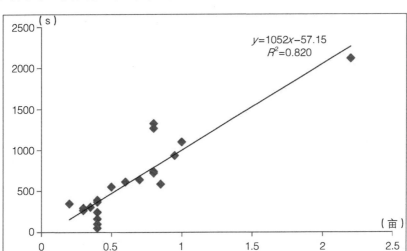

图8-14 四行手扶插秧机在不同面积水体中加秧时间

如图8-14所示，加秧时间与田块面积呈线性关系：

$$T_3=1052S-57.15 \tag{8-20}$$

式中：

T_3——加秧时间，秒；

S——水田面积，亩。

R^2为0.82，说明回归方程在显著性水平为0.2时能通过检验，基本符合理论分析得到的结论，即在插秧作业规范统一、插秧机型号不变、供秧及时、人工加秧速度恒定的情况下，加秧时间与田块面积呈线性关系。

该回归关系标准估计误差为217.11，大于纯作业时间回归。说明实际值与估计值有一定的偏差，通过实验发现产生误差主要有以下两大原因：

第一，秧盘无法均匀摆放。为了节约时间，挑秧人员摆放秧盘时一般都会成堆摆放，大致根据用秧量来选取堆放点，但每堆秧盘数量不一，且实时用秧量随田块形状时刻变化，加秧时会出现秧盘不够或剩余的情况，从而需要加秧人员在不同秧堆中来回走动搬运，造成加秧时间不一致。

第二，田块形状差异较大。由于手扶插秧机无存放备用秧的装置，无法实时加秧，必须在田埂边加秧。因田块形状不一，从而导致每次加秧量与加秧次数不一，造成加秧时间不一致。

8.2.3.4 总作业时间

插秧总时间应分两种情况来分析。理想状况下，假定机手作业过程无休息，秧苗供应及时，机具性能状态优良无故障，总作业时间只包括纯作业时间、转弯掉头时间、加秧时间；实际情况下，机手工作一定时间后会休息，挑秧人员也会休息，影响供应及时性，机具性能总存在一定的故障率，因此，总作业时间应包含理想状况下的作业时间与休息时间、等秧时间、故障时间等。

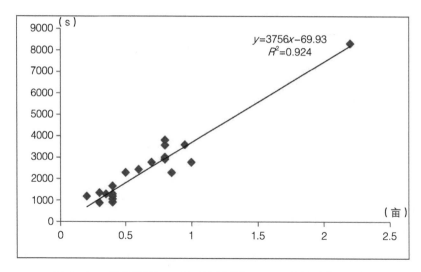

图 8-15　理想状况下四行手扶插秧机不同面积的总作业时间

从图 8-15 可以看出，理想状况下总作业时间与田块面积呈较强的线性关系：

$$T_0=3756S-69.93 \qquad (8-21)$$

R^2 为 0.924，说明该回归方程在显著性水平为 0.1 时能通过检验。可见，在理想状况下，插秧作业总时间随田块面积的增大而增长，作业效率基本保持不变。但实际情况下，总作业时间应包含不确定性强的休息、等秧、排除故障时间，其时间与面积的关系如图 8-16 所示。

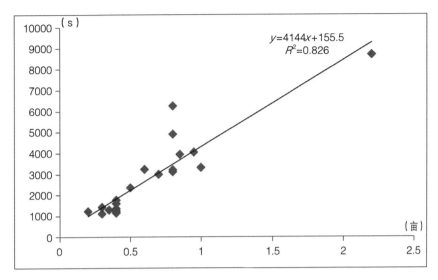

图 8-16 实际情况下四行手扶插秧机在不同面积的总作业时间

实际情况下，总作业时间与田块面积的线性关系为：

$$T_0 = 4144S + 155.5 \qquad (8-22)$$

R^2 为 0.826，说明该回归方程在显著性水平为 0.2 时能通过检验。可见，实际情况下，尽管插秧作业总时间仍随田块面积的增大而增大，但随着不确定性时间增多，其实际值与估计值的偏差明显增大。

8.2.3.5 二行手扶插秧机效率

二行插秧机因其小巧，在道路不通畅的情况下可以人工抬的方式实现田间转移，在山区有一定的保有量。试验组在试验点附近的村庄刚好碰到新邵县农机局在推广二行手扶插秧机，由于有各级财政补贴以及项目支持，农机局免费将插秧机送给种粮大户。该机具为东洋P28型二行独轮手扶插秧机，作业行距为30厘米。

独轮插秧机的转弯性能与四行机具有明显的不同，四行机转弯主要通过离合器关闭其中一个轮的动力实现差速转弯，而独轮机具由于轮的方向固定，只能由机手强力将机身调转至所需方向，操作极其不便，对机手的体力考验过大。因此，大户仅用该机具作业了一块面积为0.4亩的水田后就彻底放弃该机具。实验人员记录了该机具的作业时间，与前面分析得到的四行机在田块面积为0.4亩时各环节时间估计值进行对比（表8-5）。

表 8-5 二行独轮机四行机作业效率对比

（单位：s）

机具类型	面积	纯插秧时间	转弯时间	加秧时间	总作业时间
二行独轮插秧机	0.4 亩	1266	1192	444	3889
四行手扶插秧机	0.4 亩	703	265	364	1813
二行机与四行机比值	1	1.8	4.5	1.2	2.1

由表 8-5 可以看出，同样在水田面积为 0.4 亩的条件下，二行独轮插秧机纯插秧时间为四行手扶插秧机的 1.8 倍，转弯时间为 4.5 倍，加秧时间为 1.2 倍，总作业时间为 2.1 倍。上述数据说明二行独轮插秧机有以下几大特点。

第一，二行机的小巧在插秧时能占一定的优势。理论上二行机的纯作业时间应为四行机的 2 倍，但实际仅 1.8 倍，说明二行机作业速度要快于四行机。因为二行机体积小，插秧时容易对行，可稍加快作业速度；同时也更能适应较小的边角，边角处重插率比四行机小。

第二，由于二行机部分功能装置的缺失，造成转弯极为不易。二行机没有转速离合器与倒挡，转弯全靠机手们死拉硬拽，有时机具靠田埂太近，则无法动弹，必须要 2 人以上抬。

第三，由于插秧行数少，造成加秧次数增多。理论上二行机的用秧量应与四行机相同或略少，但实际加秧时间却达到了四行机的 1.2 倍。因为二行机加秧次数多，停开机时间浪费较多。

第四，二行机转弯时间占总作业时间比太大。纯作业期间机手只需掌握好方向，紧跟机具往前走即可，而转弯是机手体力消耗最大的环节，需要用尽全身力气来与泥浆的阻力、机具的重力等阻力做斗争。而二行机转弯时间占总作业时间的 30.65%，远高于四行机的 14.61%。成为山区农民舍弃二行机的最重要原因。

因此，二行独轮式如不改进转弯操作系统，根本无法获得大面积的推广，南方丘陵山区将来仍将以四行插秧机为主。

8.3 收获机械效率与效益比较分析

8.3.1 理论分析

8.3.1.1 收割机作业路径

收割机的作业时间可分为纯收割时间、转弯时间、卸粮时间、其他时间（故障、休息等），其行走路线如图 8-17 所示。

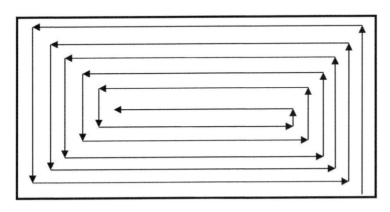

图 8-17　收割机行走路线图

理论上按照该路线收割所需时间最少，每割完一条直道后转 90° 再割另一条直道，一直循环到全部割完止，但中间有卸粮、休息、故障等各种时间。

8.3.1.2 纯收割时间分析

纯收割时间收割机同时保持行驶与割稻秆两个动作的时间，不包括中间的转弯、休息、卸粮、故障、加油、空走等与割稻秆无直接关系的时间。因为收割动作不可能持续保持，所以纯收割时间应该是多段时间和。总的纯收割时间应满足下式：

$$T_1 = \frac{S}{V_1 \cdot A} \tag{8-23}$$

式中：

T_1——纯收割时间，秒；

S ——田块面积，平方米；

V_1——收割速度，米 / 秒；

A ——收割机作业幅宽，米。

在选定收割机机型后，收割速度保持不变的情况下，纯收割时间与田块面积呈线性关系。

8.3.1.3 转弯时间分析

如图 7-17 所示，收割机的每转 90°算 1 次转弯，当收割机从短边进入田块作业，总的转弯次数应满足：

$$K = \frac{2Y}{A} - 1 \qquad (8-24)$$

当收割机从长边进入田块作业，总的转弯次数应满足：

$$K = \frac{2Y}{A} - 2 \qquad (8-25)$$

式中：

K ——转弯次数，次；

Y ——田块的短边长（田块宽度），米。

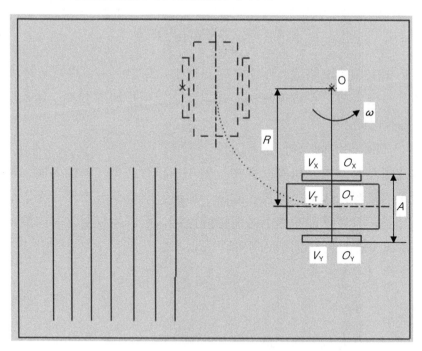

图 8-18　收割机转弯路线图

如图 8-18 所示，收割机需要从虚线位置转到实线位置，然后再继续进行收割作业。假设从转向轴线到收割机纵向对称平面的距离为 R，称为收割机的转向半径。以 O_T 代表轴线 O 在收割机纵向对称平面上的投影，O_T 的运动速度 V_T 代表收割机转向时的平均速度。则收割机的转向角速度 ω。转向时，机体上任一点都绕转向轴线 O 作回转，其速度为该点到轴线 O 的距离和角速度 ω 的乘积。所以慢、快速侧履带的速度 V_X 和 V_Y 分别为：

$$V_X = \omega \ (R - 0.5A) = V_T - 0.5\omega A \qquad (8-26)$$

$$V_Y = \omega \ (R + 0.5A) = V_T + 0.5\omega A \qquad (8-27)$$

$$\omega = \frac{V_T}{R} \qquad (8-28)$$

式中：A ——收割机幅宽。

履带式机具转向时，一般会一边履带驱动，另一边履带制动。机具的最小转弯半径需满足机具的宽度、履带接地长度的要求。

$$R_{min} = \frac{1}{2} \sqrt{A^2 + L^2} \qquad (8-29)$$

式中：

R_{min} ——机具的最小转弯半径，米；

L ——履带接地长度，米。

假定收割机按照匀速圆周运动以最小转弯半径转弯，则点 O_T 的每次转弯的行走距离与时间为：

$$D_T = \frac{1}{4} \pi \sqrt{A^2 + L^2} \qquad (8-30)$$

$$t_2 = \frac{\pi \sqrt{A^2 + L^2}}{4V_T} \qquad (8-31)$$

按照转弯次数最多方式计算，收割机的总转弯时间为：

$$T_2 = (\frac{2Y}{A} - 1) \frac{\pi \sqrt{A^2 + L^2}}{4V_T} \qquad (8-32)$$

可见，在速度恒定的情况下，收割机的转弯时间与田块的宽度呈线性关系，因此，在面积相同的情况下，田块越细长，转弯时间越少，则生产效率越高。

8.3.1.4 卸粮时间分析

南方丘陵山区一般为中小型的收割机，无粮仓，作业时需配备一名接粮员用袋子接稻谷。接粮台面积小，最多堆放六七袋稻谷，因此，需要每隔一段时间将谷袋从接粮台上卸下。卸粮方式分为停机与不停机两种。不停机方式指接粮员在机器正常行驶下将两袋随机丢在空地；停机方式指驾驶员将收割机停在固定的地点，然后接粮员将谷袋集中堆放在一处，方便运输。

不停机方式卸粮时间为 0。

停机方式的卸粮时间为：

$$T_3 = t_3 \cdot S \cdot C \tag{8-33}$$

式中：

T_3——卸粮时间，秒；

S ——田块面积，平方米；

C ——单位面积产量，袋/平方米；

t_3——搬运每袋稻谷平均消耗时间，秒/袋。

当水稻品种相同、管理技术一样时，如不出现天灾，各田块的粮食单产差异很小，因此，可视单位面积产量为常数；此外，每次卸粮时，收割机都会在最靠近路边的地方停靠，每次搬运粮食距离几乎不变，因此，可视每袋稻谷的搬运时间不变，即 t_3 常数。因此，停机方式的卸粮时间应与田块面积呈线性关系。

8.3.1.5 其他时间

除作业、转弯、卸粮三大必要的环节外，作业过程中可能受各种不可控的因素影响而导致收割机停机，增加总的作业时间。如机具故障、机手休息、燃油不足等，由于因素不可控，因此，时间也无法预知。

8.3.2 试验方法与材料

本次试验地点为湖南省武冈市邓元泰镇天心村一种粮大户集中连片水田，该种粮大户共承包了约 1000 亩水田，全部用于种植双季稻。试验时间为 2013 年 7 月 17—24 日（早稻收获期间），试验机具包括：喂入量 0.6 千克/秒、2.0 千克/秒的全喂入稻麦联合收割机，4 行半喂入联合收割机。

图 8-19 试验人员测收割机作业效率

试验人员通过连续跟踪机手在不同面积大小的耕地中作业，利用秒表记录纯作业时间、掉头时间、卸粮时间、故障时间、休息时间、跨田时间（图 8-19）。由于插秧机作业过程中不断重复收割→掉头→收割……。因此，记录的数据都是分段的，其中纯作业时间为收割机同时保持行驶与割稻秆两个动作的时间；掉头时间为各相邻两段收割作业之间不收割而机器走动的时间；卸粮时间为停机卸粮起始点到卸粮结束并重新开动止；故障时间为故障发生到排除故障并重新开机止。

8.3.3 结果与分析

8.3.3.1 纯收割作业时间

实验中纯收割时间仅计量收割机同时保持行驶与割稻秆两个动作的时间，不包括中间的转弯、休息、卸粮、故障、加油、空走等与割稻秆无直接关系的时间。分别测试了 4LZ-2.0 全喂入联合收割机、四行半喂入联合收割机、4L-0.9A 权威联合收割机等三类机具的作业效率，通过连续观测机收在不同面积的水田中作业，其中 4LZ-2.0 测试面积从 0.26 亩到 2.6 亩不等，得到不同面积的纯收割时间如图 8-20 所示。

129

如图 8-20 所示，4LZ-2.0 全喂入联合收割机纯收割时间与水田面积呈较强的线性关系：

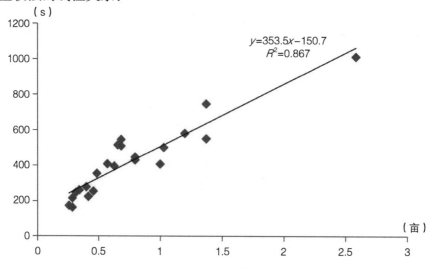

图 8-20　4LZ-2.0 全喂入联合收割机在不同面积的纯收割时间

$$T_1 = 353.5\,S + 150.7 \qquad\qquad (8-34)$$

式中：

S——田块面积，亩。

R^2 为 0.867，说明该回归方程在显著性水平为 0.15 时能通过检验。标准估计的误差值为 75.52，误差值较小，说明拟合度较好，基本符合理论分析的结论。当然，误差仍不可避免存在，主要是以下原因造成的。

第一，全喂入联合收割机对于倒伏水稻收割效果较差，根据倒伏情况，机手会适当调节收割速度以减小损失率。

第二，南方丘陵山区深泥脚田较多，尽管测试的机具均为履带式，但深泥脚对机具通过性仍会造成较大的影响，机手会根据泥脚深度调节收割速度。

第三，山区田块形状差异较大且边角较多，边角处收割速度会大大降低，同时导致收割机难以全幅宽收割，从而形成作业效率差异。

4 行半喂入联合收割机共测试了 5 块田，其中，国产的锋陵牌收割机测试了 4 块田，日资久保田牌收割机测试了 1 块田。其作业时间如表 8-6 所示。

表 8-6 半喂入联合收割机的纯收割时间

品牌	亩均纯收割时间（s/亩）
锋陵	618
久保田	260

可以看出，久保田的收割速度最快，仅 260 秒 / 亩，快于 4LZ-2.0 全喂入的 500 秒 / 亩及锋陵半喂入的 618 秒 / 亩。国产半喂入效率最低，主要有以下几个原因。

第一，半喂入收割机的作业幅宽小于 4LZ-2.0 全喂入，在相同速度下半喂入效率必然会低。

第二，外资半喂入效率最高，主要是进口机具可靠性高，作业非常流畅，作业行驶速度明显高于国产全喂入与半喂入收割机。

8.3.3.2 转弯时间

实验中转弯时间测的是收割机完成一道收割起到进入下一道收割止，不包括中间的休息、卸粮、故障等时间。测得 4LZ-2.0 全喂入联合收割机在不同面积水田中总转弯时间如图 8-21 所示。

如图 8-21 所示，R^2 仅为 0.743，说明回归方程拟合度较差，转弯时间与水田面积不存在明显的线性关系，与理论分析结论相悖。通过试验观测发现主要有以下几大原因。

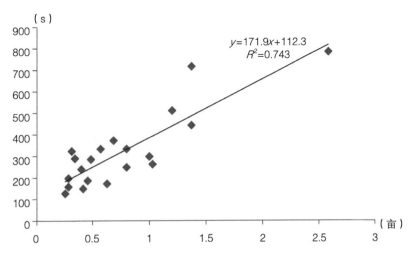

图 8-21 4LZ-2.0 全喂入联合收割机在不同面积水田中的转弯时间

第一，与插秧机一样，由于山区田块形状各异，田块宽度与田块面积没有显著的相关性，机手转弯根本无法套用在平原地区广泛适用的理论分析形成的作业路径，只得因地形条件而决定走易于操作的路线，因此，转弯时间无法得到与理论上相似的结果。

第二，山区水田普遍存在尖角，收割机在边角处转弯掉头极为不便，割完边角处的水稻后一般都是通过倒挡退至开阔处再转弯，大大降低了转弯效率，由于各田尖角的数量与形状差异较大，因此，转弯时间存在较大的差异。

第三，在收割之初，由于割后留下的空地小于收割机的转弯半径，无法一次完成掉头转弯，必须边移位边割，大大降低了转弯效率，因此，转弯时间存在较大的差异。

尽管收割机转弯时间与田块面积没有直接的线性关系，但仍有一定的规律。将所有试验的田块分成 3 等：0.5 亩以下、0.5 ～ 1 亩、1 亩以上。其单位面积内的平均转弯时间如表 8-7 所示。

表 8-7　不同面积等级的收割机单位面积转弯时间

（单位：s/ 亩）

机具类型	0.5 亩以下	0.5 ～ 1 亩	1 亩以上
4LZ-2.0 全喂入	614	515	354
4 行半喂入	-	294	179

注：亩均转弯时间 $= \sum \frac{\text{各田转弯时间}}{\text{各田亩数}} /$ 各等级田块数量

由于 4 行半喂入没有在小于 0.5 亩的田块中作业，因此，该等级数据空缺。

首先纵向对比收割机在不同面积等级的时间数据，不难发现田块面积越大，单位面积转弯时间越小，且当田块面积增大到 1 亩以上时，亩均转弯时间显著减小，说明田块面积为 1 亩以上对中型收割机的转弯阻碍显著减小。

再对全喂入和半喂入机具进行横向对比发现，4 行半喂入收割机在单位面积的转弯时间明显小于 4LZ-2.0 全喂入。由于半喂入联合收割机机型紧凑，转弯半径小，在较小的边角处能直接掉头转弯；此外半喂入收割机多为无极变速转向，转弯方便性远优于国产中小型全喂入收割机。

8.3.3.3 总作业时间

同样的，收割机总作业时间也应分成理想状况与实际情况分别分析。理想状况下，应认定收割机保持良好的性能状态，无故障；机收人员体能状态良好，无中途休息；油料供应充足；装稻谷用的袋子放置充足，因此，总作业时间只包括纯收割、转弯掉头、卸粮时间。但实际情况下，一般机具工作一定时间均会出现各种各样或大或小的故障，尤其是国产机故障率更高；早稻收割季节是一年中最热的时节，长时间工作极易疲劳甚至中暑，因此，间歇性休息是必需的；此外，有时会出现油料不足、谷袋耗尽等突发状况，因此，总作业时间如为从进田开始到收割结束必然要包括除理想状况下的作业时间，还有故障、休息等各种时间。

从图 8-22 可以看出，理想状况下总作业时间与田块面积呈较强的线性关系：

$$T_0=786.2S+198 \qquad (8-35)$$

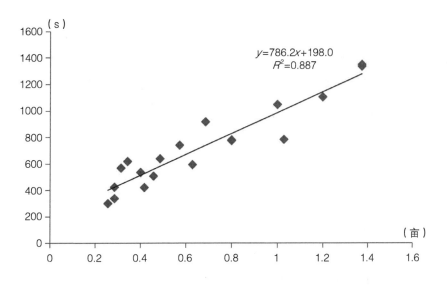

图 8-22 理想状况下 4LZ-2.0 收割机在不同面积水田中的总作业时间

R^2 为 0.887，说明该回归方程在显著性水平为 0.15 时能通过检验。可见，在理想状况下，作业总时间随田块面积的增大而增长，作业效率基本保持不变。但实际情况下，总作业时间应包含不确定性强的休息、排除故障等时间，其与田块面积的关系如图 8-23 所示。

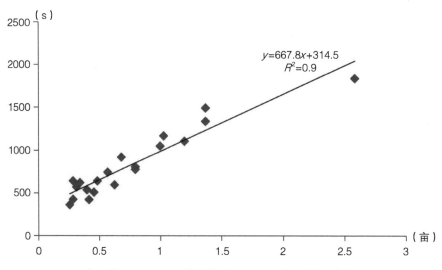

图 8-23　实际情况 4LZ-2.0 收割机在不同面积水田中的总作业时间

实际情况下，总作业时间与田块面积的线性关系为：

$$T_0 = 667.8S + 314.5 \qquad (8-36)$$

R^2 为 0.9，说明回归方程在显著性水平为 0.1 时能通过检验。

8.4　地形对机械作业效率的影响

8.4.1　耕整地机械作业效率的影响

当田块面积大于 1 亩时，耕整地机械作业效率基本不受太大影响，掉头转弯时间基本保持稳定。但当田块面积小于 1 亩时，乘坐式耕整地机械的作业效率随田块面积变小而降低，主要是掉头转弯灵便性明显下降，但手扶式机械效率影响不大。

8.4.2　手扶插秧机作业效率的影响

山区细碎耕地对 4 行手扶式插秧机的转弯灵便性影响最大。插秧机在面积小于 266.8 平方米田块中的平均转弯时间达到面积大于 266.8

平方米的 2 倍，而转弯是整个工作工程中对机手操作技能要求最高且劳动强度最大的环节，当田块小于 266.8 平方米无疑会加大机插秧的推广难度。需对插秧机的转向系统进行优化，提升其转向灵便性及操作方便性，同时可通过农田整治工程将面积小于 266.8 平方米的田块合并扩大，从而降低机插秧的推广难度。细碎化田块的纯插秧时间占整个作业时间不足 50%，加秧等辅助作业环节耗时长，尤其当田块面积大于 533.6 平方米时，加秧时间占比高达 41%，无法发挥大面积地块利于机器转弯掉头的优势。应提高育秧质量，使秧苗始终保持良好的形态，提高加秧速度。此外，可适当增加机器载秧量以减少加秧次数。

当田块面积大于 266.8 平方米时，手扶插秧机的适用性较高。田块面积大于 266.8 平方米时，4 行手扶插秧机在田间转弯掉头已经不受限制，其作业效率将不再随田块面积增大而提高，基本保持在 650 平方米 / 小时左右，远高于人工作业，相对人工作业能节约作业成本约 900 元 / 公顷。可见，田块处于该面积范围内，机插秧具有良好的适用性。面积小于 266.8 平方米时，转弯时间占比达到 26%，既增大了机手的劳动强度，又降低了整机作业效率，提高了作业成本，因此，田块处于该面积范围内可通过土地整治工程实现小田改大田，提高机插秧效率与效益。

8.4.3 联合收割机作业效率的影响

山区耕地细碎化对中型联合收割机的田间转弯效率影响最大，即：当田块面积小于 266.8 平方米时，单位面积内收割机所需转弯时间为 12 分钟 /666.7 平方米，占总作业时间的 42%，明显高于面积为大于等于 266.8 ～ 666.7 平方米及面积大于 666.7 平方米时的 37%。

从效益上看，面积小于 266.8 平方米时，机收成本比面积大于 266.8 平方米时高近 50%，机收服务盈利空间十分有限，因此，必须加大对丘陵山区农田整治的投入，大力推动小田改大田工程，尤其应优先改造面积小于 266.8 平方米的田块。

第 9 章
南方丘陵山区农机化发展战略

在前文的研究基础上，本章分别从稻作区、旱作区对南方丘陵山区农机化发展目标与重点、农业机械化技术模式、农业装备配置、农业生产组织模式、基础设施建设、扶持政策等作了详细阐述。

9.1 稻作区农机化发展模式与战略

9.1.1 稻作区发展目标与重点

9.1.1.1 稻作区近期（3 年内）发展目标与重点

制定标准化水田整治规划并建立示范点，在示范点开展标准化水田样板工程建设。耕整地机械化水平继续提高，到 2020 年基本达到 90% 左右，逐步改善耕整地装备结构，提高整体生产效率与机具利用率。继续对水稻机插秧进行大力推广，使机插秧开始从平原向丘陵山区扩展，2020 年机插水平能达到 30% 左右。水稻收获机械化水平继续提高，到 2020 年基本达到 60% 左右。加快油菜与小麦机械化种植与收获技术在丘陵山区的适应性改进并进行示范推广，带动粮油大户采用机械化生产技术。

9.1.1.2 稻作区中期（10年内）发展目标与重点

标准化水田整治工程由平原地区及示范点向丘陵地区延伸，对山区水田整治进行科学规划。基本实现耕整地机械化，随着耕地流转稳步推进，逐步开始淘汰微耕机，到2025年四轮拖拉机耕整地面积占比达到40%左右。到2025年平原地区水稻机插秧水平达到80%左右，丘陵地区机插水平达到25%左右，并加大机插秧技术在山区的适应性改进与示范推广力度，水稻收获机械化水平达到80%左右。推进油菜与小麦的规模化种植，从而推动油菜与小麦机械化发展，到2023年油菜、小麦种植机械化水平达到40%左右，油菜收获机械化水平达到50%左右，小麦收获机械化水平达到70%左右。

9.1.1.3 稻作区长期（20年内）发展目标与重点

标准化水田整治工程全面展开，平原地区基本完成整治，地形条件对机械化制约程度显著降低。机械化耕整地作业效率明显提升，到2035年四轮拖拉机耕整地面积占比达到70%左右，平原地区机插水平达到95%以上，丘陵地区机插水平达到50%左右，山区机插秧技术基本完善，示范推广全面覆盖，水稻收获机械化水平达到90%左右。到2035年油菜、小麦规模化种植比例达到60%左右，种植机械化水平达到60%左右，油菜收获机械化水平达到70%左右，小麦收获机械化水平达到85%左右。

9.1.2 稻作区技术模式

9.1.2.1 技术模式分类标准

技术模式适用与否应考虑技术上是否能用，经济上是否有效益。因此，技术上以水田条件对机械通过性能的阻碍大小为标准进行分类；经济上以机械经营效益大小为标准进行分类（表9-1、表9-2）。

表9-1　技术模式水田条件分类标准

类别标号	水田高差（m）	机耕道建设情况	田块面积（亩）
1			＜0.4
2	＜0.3	—	0.4～1
3			＜1

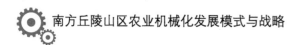

续表

类别标号	水田高差（m）	机耕道建设情况	田块面积（亩）
4			< 0.4
5		有	0.4 ~ 1
6	0.3 ~ 0.8		< 1
7			< 0.4
8		无	0.4 ~ 1
9			> 1
10			< 0.4
11		有且好	0.4 ~ 1
12			> 1
13	> 0.8		< 0.4
14		有但一般	0.4 ~ 1
15			> 1
16		无	—

表 9-2 技术模式经营规模分类标准

类别标号	经营面积（亩）	服务面积（亩）
a		< 30
b	< 30	30 ~ 200
c		> 200
d		< 30
e	30 ~ 100	30 ~ 200
f		> 200
g		< 30
h	> 100	30 ~ 200
i		> 200

9.1.2.2 装备配备（表9-3、表9-4）

表9-3 以水田条件为适用标准的机具配备方案

类别标号	水田高差(m)	机耕道建设情况	田块面积(亩)	耕整地机具配备	种植机具配备	收获机具配备
1	<0.3	—	<0.4	耕整机、微耕机	手扶4行插秧机、手动播种机	中小型联合收割机
2			0.4～1	小型拖拉机	手扶4行插秧机、小型拖拉机+播种机	中型联合收割机
3			>1	中型拖拉机	高速式插秧机、中型拖拉机+播种机	大中型联合收割机
4	0.3～0.8	有	<0.4	耕整机、微耕机	手扶4行插秧机、手动播种机	中小型联合收割机
5			0.4～1	小型拖拉机	手扶4行插秧机、小型拖拉机+播种机	中型联合收割机
6			>1	中型拖拉机	高速式插秧机、中型拖拉机+播种机	大中型联合收割机
7		无	<0.4	微耕机	手扶4行插秧机、手动播种机	微型联合收割机
8			0.4～1	手扶拖拉机	手扶4行插秧机、小型拖拉机+播种机	中小型联合收割机
9			>1	小型拖拉机	手扶4行插秧机、小型拖拉机+播种机	中型联合收割机
10	>0.8	有且好	<0.4	耕整机、微耕机	手扶4行插秧机、手动播种机	中小型联合收割机
11			0.4～1	小型拖拉机	手扶4行插秧机、小型拖拉机+播种机	中型联合收割机
12			>1	中型拖拉机	高速式插秧机、中型拖拉机+播种机	大中型联合收割机
13		有但一般	<0.4	微耕机	手扶4行插秧机、手动播种机	微型联合收割机
14			0.4～1	手扶拖拉机	手扶4行插秧机、小型拖拉机+播种机	中小型联合收割机
15			>1	小型拖拉机	手扶4行插秧机、小型拖拉机+播种机	中型联合收割机
16		无	—	微耕机	手扶2行插秧机、手动播种机	可拆式微型收割机

表 9-4 以经济效益为标准的机具配备方案

类别标号	经营面积（亩）	服务面积（亩）	耕整地机具配备	种植机具配备	收获机具配备
a	<30	<30	微耕机1台	—	—
b	<30	30~200	拖拉机总动力为20马力左右	插秧机动力4马力	收割机喂入量2.0kg/s
c	<30	>200	拖拉机总动力>20马力，服务面积每增200亩，总动力增加10马力	插秧机动力>4马力，服务面积每增加200亩，插秧机动力4马力	收割机喂入量>2.0kg/s，服务面积每增加200亩，喂入量增加1kg/s
d	30~100	<30	拖拉机总动力30马力	插秧机动力4马力	收割机喂入量2.0kg/s
e	30~100	30~200	拖拉机总动力40马力	插秧机动力8马力	收割机喂入量3.0kg/s
f	30~100	>200	服务面积每增200亩，拖拉机总动力增加10马力	插秧机动力>8马力，服务面积每增加200亩，插秧机动力4马力	收割机喂入量>3.0kg/s，服务面积每增加200亩，喂入量增加1kg/s
g	>100	<30	拖拉机总动力>30马力，经营面积每增100亩，总动力增加10马力	插秧机动力>4马力，经营面积每增加100亩，插秧机动力4马力	收割机喂入量>2.0kg/s，经营面积每增加100亩，喂入量增加1kg/s
h	>100	30~200	拖拉机总动力>40马力，经营面积每增100亩，总动力增加10马力	插秧机动力>8马力，经营面积每增加100亩，插秧机动力4马力	收割机喂入量>3.0kg/s，经营面积每增加100亩，喂入量增加1kg/s
i	>100	>200	拖拉机总动力>40马力，经营面积每增100亩，服务面积每增200亩，总动力分别增加10马力	插秧机动力>8马力，经营面积每增加100亩，服务面积每增加200亩，插秧机动力分别增加4马力	收割机喂入量>3.0kg/s，经营面积每增加100亩，服务面积分别增加200亩，喂入量增加1kg/s

9.1.3 稻作区生产组织模式

9.1.3.1 种粮大户发展模式

（1）农村种田能手发展壮大型。

a. 土地流转方式。以较低的价格承包外出打工亲朋邻里的闲置耕地，基本都是以口头协商的方式约定承包价格，多为一年一协商。

b. 土地规模化程度。土地规模多在50亩以下，耕地细碎程度与普通散户无异。

c. 劳动力。耕地、施肥、植保、灌溉、育秧等耗时较少的作业几乎全为自家劳动力完成，插秧、收获则需雇工。

d. 机械化作业情况。基本都会购置耕整地机械，且大多为微耕机、耕整机等价格低廉的微型机具，耕地效率约为2亩/天；种植环节仍以手插、手抛及撒播等手工作业为主；收获则以雇机为主。

e. 发展方向。部分大户在扩大生产规模需求的推动下，必将提高承包价格，从而在土地流转市场占领优势，并选择签订长约的方式以保障自身利益。在规模扩张的同时，为了压缩成本，将逐渐配备拖拉机、插秧机，但由于收割机的年均成本太高，需要消耗大量的时间去为他人服务才能回本，因此收获仍会选择雇机为主。

（2）工商资本投资型。

a. 土地流转方式。以接近于散户种粮效益的价格成片流转耕地，签订正式的承包协议，流转期多为5～10年的长期合约。

b. 土地规模化程度。土地规模多在200亩以上，耕地集中连片。

c. 劳动力。投资主一般会雇佣一定固定劳动力作为生产管理人员，负责常规的田间管理、组织耕种收等作业，农忙时节更会雇用一定的临时劳动力。

d. 机械化作业情况。由于种植规模大，人工作业成本高风险大，大户会千方百计创造有利条件以机械化作业来代替人工，通常会投入一定的通水通路、小田改大田等基础设施改造。因此，该模式下基本实现了全程机械化。耕整地机具以拖拉机为主，水稻种植也逐渐以插秧机作业为主，小麦播种以拖拉机配套播种机作业为主，收割基本都是大中型联合收割机，机具大多为投资主自有。油菜由于效益低，大

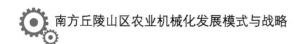

户几乎不会种植。

e.发展方向。随着土地承包规模的不断扩大，投资商雇人管理的模式无法驱动劳动力的积极性。必将引入工商业的先进管理模式，采用包干的方式，由投资商出钱拿地，然后将地投标给若干代理人管理，投资商只需收获后按标底拿粮即可。

9.1.3.2 农机专业户

（1）纯服务型。

a.机具保有情况。纯服务型农机户一般仅有联合收割机。

b.服务模式。在附近村庄为农户提供代收割服务，辐射范围一般都小于20千米，大多无固定服务对象，收割前与农户口头协商价格。

c.人员配备。机手一般均为机主本人，另配一名接粮装袋人员，粮袋运输由雇主负责。

d.发展方向。随着收割服务市场逐渐趋向饱和，市场竞争逐年变大，为了稳定收益，农机户将逐渐开发固定的客户，尤其是种粮大户。此外，随着种粮大户逐渐壮大并开始拥有收割机，收割服务市场日渐萎缩，农机户也开始包地种粮成为种粮大户。

（2）种粮与服务兼业型。

a.机具保有情况。耕种收三大环节作业装备配套齐全，尤其是耕与收，但耕整地机械仍以微耕机等廉价小型机具为主。

b.服务模式。由于自有耕地面积较大，耕种环节几乎不提供对外作业服务，收获环节在收割自有耕地同时，富余时间给附近农户提供作业服务。

c.人员配备。机手多为户主本人，另雇请一定的临时劳动力提供辅助作业。

d.发展方向。随着服务市场逐渐萎缩，农机户将减少对服务收入的依赖，更多靠种粮增收，因此，未来发展方向必然是成为种粮大户。

9.1.4 稻作区基础设施建设

9.1.4.1 农田标准化建设

（1）机耕道建设。

在南方丘陵山区，机耕道路的建设，要满足大中型农业机械（50

马力以上）晴雨天都能通行无阻，并便于农业机械进出田间作业以及日常农业生产资料和农产品的运输。做到道路宽度合适，坡度低，弯度少，压实度好，平整度好，有路面，有边沟，有绿化，有道路标志，此外，机耕道路与下田的交叉点，应斜面相交，以方便农业机械进出田间作业。

（2）土地平整。

田块的大小依据地形进行调整，原则上小弯取直，大弯随弯。田块方向应满足在耕作长度方向上光照时间最长、受光热量最大的要求；田块应沿等高线调整；风蚀区田块应按当地主风向垂直或与主风向垂直线的交角小于30°的方向调整。田块建设应尽可能集中连片，连片田块的大小和朝向应基本一致。田块形状选择依次为长方形、正方形、梯形或其他形状，长宽比一般应控制在（4∶1）～（20∶1）。

9.1.4.2 场库棚建设

由于缺乏农机场库棚，丘陵山区体积较大的拖拉机与联合收割机基本都是露天存放，对机具使用性能与寿命影响非常大。因此，丘陵山区应该启动场库棚建设。农机场库棚应能防雨、防晒，地面应平整至坡度小于2°，场库棚前应有充足的空地可供机具掉头转弯，可至少满足中型拖拉机与联合收割机进出，应有路与机耕道相通。

9.2 旱作区农机化发展模式与战略

9.2.1 旱作区发展目标与重点

9.2.1.1 旱作区近期（3年内）发展目标与重点

探索旱地整治工程方案，启动平原地区旱地整治工程并在丘陵山区建立样板示范点，对坡度大于30°的坡耕地实施退耕还林或改为林果业。加大针对微耕机的科研力度，重点解决机具轻简化与保障基本功率需求之间的矛盾，继续对微耕机的一机多用化进行发掘，提升微耕机的单机利用率；开发改进一批以微耕机为动力的小型播种机，加大高效优质手动播种机的研发力度；加大对薯类的垄作与净作农艺生产模式的推广力度，加大对背负式割晒机与牵引式薯类收获机的示范推广力度，开始对玉米联合收割机与薯类联合收割机的小型化进行攻关。到 2020 年，旱作耕整地机械化水平达到 50% 左右，开发出一批配套微耕机使用的微型播种机，并进入产业化进程；玉米与薯类联合收割机小型化取得一定突破。

9.2.1.2 旱作区中期（10 年内）发展目标与重点

继续按照旱地整治工程规划，分步骤地开展旱地整治，并从平原地区开始向丘陵地区延伸，继续对坡度大于 25°的坡耕地实施退耕还林或改为林果业。微耕机已基本能满足各类作业需求，并逐步开始在平原地区引进中小型拖拉机，到 2025 年耕整地机械化水平达到 50% 以上。微耕机配套播种技术基本成熟，手动播种机产品种类较为丰富，到 2025 年播种机械化水平达到 15% 左右。玉米联合收割机与薯类联合收获机小型化关键技术取得突破，开始进入示范推广阶段，薯类牵引挖掘式收获机系列产品在平原地区得到广泛应用，到 2025 年薯类收获机械化水平达到 5% 左右。

9.2.1.3 长期（20 年内）发展目标与重点

旱地整治工程全面展开，平原地区旱地整治基本完成，丘陵地区摸索出了成功的整治方案措施，条件较好的丘陵区率先完成整治，地形条件对机械化的制约明显减小。坡度大于 25°及石漠化严重的旱地基本完成了退耕还林。到 2035 年耕整地机械化水平达到 70% 以上，在整治工程基础上拖拉机作业量大大增加，达到总作业量的 30% 左右。到 2035 年播种机械化水平达到 30% 左右，手动播种机得到大面积应用，播种整体效率大大提升。小型玉米联合收割机与薯类联合收获机实现大范围推广应用，到 2035 年薯类收获机械化水平达到 30% 以上，玉米收获机械化水平达到 40% 以上。

9.2.2 旱作区技术模式

9.2.2.1 技术模式分类标准

由于旱地主要是散户经营，且目前机械化仍处于空白状态，因此，技术模式只考虑技术上是否能用，暂不考虑是否有经济效益。以旱地条件对机械通过性能的阻碍大小为标准进行分类（表 9-5）。

表9-5 技术模式旱地条件分类标准

类别标号	旱地坡度	机耕道建设情况
1	< 2°	—
2	2° ～ 10°	有
3	2° ～ 10°	无
4	10° ～ 20°	有且好
5	10° ～ 20°	有但一般
6	10° ～ 20°	无
7	> 20°	—

注：表中旱地坡度指旱地所处坡地的坡度

9.2.2.2 机械化技术装备配备（表9-6）

表9-6 旱作区机具配备

类别	旱地坡度	机耕道建设情况	动力机具配备	种植机具配备	收获机具配备
1	< 2°	—	中小型拖拉机、微耕机	中小型拖拉机配套播种机、手动播种机	中小型拖拉机配套收获机、小型联合收获机
2	2° ～ 10°	有	小型拖拉机、微耕机	小型拖拉机配套播种机、手动播种机	小型拖拉机配套收获机、小型联合收获机
3	2° ～ 10°	无	微耕机	微耕机、手动播种机	人工收获
4	10° ～ 20°	有且好	小型拖拉机、微耕机	手动播种机	小型拖拉机或微耕机配套收获机
5	10° ～ 20°	有但一般	微耕机	手动播种机	微耕机配套收获机
6	10° ～ 20°	无	人力	手动播种机	人工
7	> 20°	—	人力	手动播种机	人工

9.2.3 旱作区生产组织模式

9.2.3.1 旱地流转模式与发展方向

南方丘陵山区旱地的规模化经营水平非常低，主要有以下原因：① 旱地地形恶劣，作业效率低，种植成本过高；② 旱作物品种过于繁杂，无法集中连片，难以获得机械化作业的社会化服务；③ 旱地普遍缺水、土壤贫瘠，种植收益低。现有的规模化种植主要有以下几种类型。

第一，经济作物种植大户集中流转旱地。南方丘陵山区旱作区玉米、薯类等大宗粮食作物由于单位面积效益低，在机械化水平较低的背景下，无法承担过大的人工成本去流转大量的土地，而药材、蔬菜瓜果、水果等经济价值高的作物则可以承担较高的人工成本，为了方便管理多为集中流转。该类组织采用机械化作业的环节主要为耕整地、植保、灌溉。种植与收获缺乏适用的农机装备。

第二，粮食作物种植大户小规模流转旱地。粮食作物机械化技术成熟度相对经济作物更高，人工作业量相对较小，因此，部分农户在自家劳动力或通过雇佣少量劳动力即可以承担的基础上小规模流转旱地种植玉米、薯类等粮食作物，增加收入。该类组织采用机械化作业的环节主要为耕整地、植保、灌溉。种植环节人工点播效率高，较小的种植规模对机械化作业需求不大；收获环节缺乏适用的农机装备，更没有农机社会化服务，只能选择人工作业。

第三，条件较好的旱地大规模集中流转。在坡度小、地块面积大、机耕道建设完备的地区，种粮大户、农业企业等经营主体较大规模地集中流转旱地，并广泛运用机械化生产技术替代人工作业。该类组织会对旱地基础设施进行一定改造，为实现机械化作业创造便利条件，而且较大的种植规模已无法靠人工完成作业，因此，此类组织已基本实现了全程机械化，但作业效率仍远低于北方平原地区。

未来南方丘陵山区旱作区耕地流转仍将以第二种类型为主，并逐步向第三类靠拢。

9.2.3.2 农机社会化服务模式与发展方向

由于耕地条件差、机具适用性差、种植制度复杂等众多因素的制约，南方丘陵山区旱作区农机社会服务发展严重滞后，目前主要有以下几大服务模式类型。

第一，亲友互助型。旱作区保有量较多的机具为微耕机与背负式喷药机，多为体富力强的农民持有，他们在完成自家作业后向周边无机户及老人妇女劳动力提供作业服务，但服务范围一般仅局限于本村，服务面积较小。

第二，大户辐射型。在耕地条件较好的地区，种植大户多拥有中型机械，作业效率较高，有较多的空余时间提供农机作业服务，他们的服务范围辐射到周边村镇，服务面积较大。

第三，专业服务性。部分从事水稻农机社会化服务在完成水稻作业后，为了增加收入，选择性地开展旱地作业服务，如拖拉机耕整地、植保、旱作运输等机具可交叉使用的作业环节。

未来南方丘陵山区旱作区农机社会服务模式仍将以亲友互助型为主，简单地开展耕整地作业与植保服务。但未来将向大户辐射型服务和专业服务型发展。

9.2.4 旱作区基础设施建设

9.2.4.1 旱作区机耕道建设

在南方丘陵山区，机耕道路的建设，要满足中小型农业机械（50马力以下）晴雨天都能通行无阻，并便于农业机械进出田间作业以及日常农业生产资料和农产品的运输。做到道路宽度合适，坡度低，弯度少，压实度好，平整度好，有路面，有边沟。此外，机耕道路与下田的交叉点，应斜面相交，以方便农业机械进出田间作业。

9.2.4.2 旱作区坡改梯工程

坡改梯工程建设总体要求达到"平、厚、壤、固、肥"标准。地面纵、横向平整，地面坡度降到5°以内。土层厚度60厘米以上，耕作层20厘米以上。随等高线开梯，大弯随弯，小弯取直，台位清晰，规范流畅。坡度在15°以内的坡地一般改成厢面宽大于5.7米宽面梯地；坡度在15°～25°一般改成厢面宽大于3.4米的窄面梯地。梯埂结实，坎面整齐，不易垮塌。

9.3 扶持政策

9.3.1 财政政策

9.3.1.1 购机补贴政策

丘陵山区农民购机补贴应有别于平原地区，适当扩大农民购机补贴范围，提高农机购置补贴比例，试点补贴资金用于农田基础设施建设。

9.3.1.2 作业补贴政策

开展旱作机械化播种与收获等作业补贴政策，降低机械化作业成本，使农民用得起，农机户有效益。

9.3.1.3 燃油退税政策

改变山区农机燃油补贴方式，由向农户直补改为向农机户和直接从事农业生产的农机服务组织或农机户补贴。

9.3.1.4 土地流转补贴政策

应实行土地流转分级补贴，流转规模越大，补贴标准越高，同时对集中连片流转进行额外补贴，从而促进耕地规模化经营程度。

9.3.2 金融政策

9.3.2.1 贴息政策

山区农民收入低，购机资金筹集压力大，向银行贷款则会提高购机成本，抑制了农民购机积极性。因此，应对农民贷款购机给予利息补贴。

9.3.2.2 农机保险政策

由于地形条件恶劣，农机田间转移与作业时容易发生安全事故，造成人身与财产安全，应开发适合山区的政策性农机保险，给广大机手带去一份保障。

9.3.2.3 创新贷款方式

为了减少农民获得贷款的障碍，应创新贷款方式，允许农机作为抵押物，补贴资金作为担保等，使机手可以获得所需购机资金。

9.3.3 科技推广政策

9.3.3.1 设立丘陵山区农业科技专项

设立丘陵山区农业科技专项，所有经费全用于资助丘陵山区农业科技项目。较快解决丘陵山区农业科技成果及相关产品少的问题。

9.3.3.2 明确种粮大户与农机专业户为推广重点对象

集中推广资源针对种粮大户与农机专业户推广适用的农机技术装备，让大户们成为农机的使用者与作业服务者，才能事半功倍的实现农业机械化。

9.3.3.3 允许大户参与科技成果转化示范推广项目

种粮大户与农机专业化作为农机化事业最基础的组成群体，应允许他们参与科技成果项目，以提高科技成果的转化率，使大户的需求能直接到达科研人员，从而得到适用度高的农机化技术装备。

参考文献

鲍一丹，何勇.2001.农业机械多媒体决策支持系统的研究[J].浙江大学学报（农业与生命科学版），27（2）：187-190，201.

蔡霞.2010.中国农村土地的社会保障功能分析[J].广西经济管理干部学院学报,22（1）：22-26.

曹锐.1986农机配备中适时作业期限合理延迟天数的确定方法[J].农业机械学报，（1）:92-98.

陈传强，李鹂鹏，栾雪雁.2013.花生联合收获机械试验选型方法研究[J].中国农机化学报,34（5）:55-59.

陈聪，曹光乔，潘迪.2013.农业机械系统优化配备研究进展[J].中国农学通报（35）:166-169.

陈聪，曹光乔.2013.谷物联合收割机对山区耕地条件的适应性研究[J].江苏农业科学,41（6）:367-368.

陈聪,曹光乔.2013.手扶插秧机梯田间转移力学分析[J].江苏农业科学,41（3）:397-398.

陈建，陈忠慧.2013.浅析农机配备的几个理论与实际问题[J].农机化研究（3）:29-31.

陈美球，彭云飞，周丙娟.2008.不同社会经济发展水平下农户耕地流转意愿的对比分析——基于江西省21个村952户农户的调查[J].资源科学,30（10）：1 491-1 496.

陈忠慧.1993.农业机器运用管理学[M].北京:农业出版社.

程耀.1988.农业机器选型配备数学规划模型及其解法[J].农业机械学报（3）:9-15.

程耀.1987.拖拉机选型配备数学规划模型的一种分解解法.东北农学院学报,18（2）;167-171.

邓习树，李自光.2002.基于价值工程的机械产品设计模式初探[J].机械设计与制造工程,31（5）:89-90.

杜国平.2010.欠发达地区农地适度规模经营的现实条件与应对策略[J].贵州农业科学,38（7）:199-203.

付强，杨广林，金菊良.2003.基于PPC模型的农机选型与优序关系研究[J].农业机械学报,34（1）:101-103，107.

高洪伟，何瑞银.2011.稻麦收获机械选型决策支持系统的开发[J].农机化研究（10）:232-235.

高焕文，韩宽襟.1992.流水作业法与机器系统优化[J].农业机械学报,23（4）:55-60.

高佳，李世平.2016.农户土地承包权退出意愿的影响因素[J].干旱区资源与环境,30（8）：23-29.

郭庆海.2014.土地适度规模经营尺度：效率抑或收入[J].农业经济问题（7）：4-10.

韩宽襟，冯云田，高焕文.1989.农机配备数学规划模型的迭代单纯形算法[J].北京农业工程太学学报,9（1）:1-8.

韩宽襟，高焕文，万鹤群.1990.农机配备非线性规划模型的完善及其序列规划逼近算法[J].北京农业工程大学学报,10（2）:1-8.

韩颖，马萍，刘璐.2010.一种能源消耗强度影响因素分解的新方法[J].数量经济技术经济研究,27（4）：137-147.

郝海广，李秀彬，田玉军，等.2010.农牧交错区农户耕地流转及其影响因素分析[J].农业工程学报,26（8）：302-307.

黄波.1997.台湾扩大家庭农场经营规模的途径与成效[J].世界农业（2）:17-18.

黄海波.1984.土壤—机器系统模型试验函数理论的研究[J].四川工业学院学报（2）:65-70.

黄辉玲，吴次芳，张守忠.2012.黑龙江省土地整治规划效益分析与评价[J].农业工程学报,28（6）：240-246.

黄新建，姜睿清，付传明.2013.以家庭农场为主体的土地适度规模经营研究[J].求实（6）：94-96.

蒋万翔，胡德民.2009.计算机在农机配备中的应用[J].农机化研究（11）:203-205.

黎霆，赵阳，辛贤.2009.当前农地流转的基本特征及影响因素分析[J].中国农村经济（10）：4-10.

李谷成，冯中朝，范丽霞.2010.小农户真的更加有效率吗？来自湖北省的经验证据[J].经济学季刊（1）：95-124.

李文明，罗丹，陈洁，等.2015.农业适度规模经营：规模效益、产出水平与生产成本——基于1552个水稻种植户的调查数据[J].中国农村经济（3）：4-17，43.

李燕琼 .2004. 日本政府推进农业规模化经营的效果及对我国的启示 [J]. 农业技术经济
（5）:71-75.

梁斌 .2012. 插秧机选型与使用中的注意事项 [J]. 农业机械（2）:70-72.

刘传江 .1997. 世界农业经营规模：变迁、现实、政策与启示 [J]. 经济评论（5）：
42-49.

刘凤芹 .2006. 农业土地规模经营的条件与效果研究：以东北农村为例 [J]. 管理世界（9）：
71-79.

刘睿劼，张智慧 . 2012. 中国工业粉尘排放影响因素分解研究 [J]. 环境科学与技术 ,35
（12）： 244-248.

刘晓波，宋娟 .2010. 播种机的合理选型 [J]. 农业科技与装备（2）:62-64.

刘玉，高秉博，潘瑜春，等 . 2013. 基于 LMDI 模型的黄淮海地区县域粮食生产影响
因素分解 [J]. 农业工程学报 ,29（21）： 1-10.

陆贵清，冯伟丹，江婷，等 .2014. 长三角冬油菜机械化栽植分析与机具选型 [J]. 农业
开发与装备（4）:53-56.

梅建明 . 2002. 再论农地适度规模经营—兼论当前流行的"土地规模经营危害论" [J].
中国农村经济（9）： 31-35.

孟繁琪，万鹤群 .1983. 农业作业适时性对农机配备量的影响 [J]. 农业机械学报
（1）:97-103.

潘佳佳，李廉水 . 2011. 中国工业二氧化碳排放的影响因素分析 [J]. 环境科学与技术 ,34
（4）： 86-92.

钱贵霞 . 2006. 粮食生产经营规模与粮农收入的研究 [J]. 农业经济问题（6）:59.

钱克明，彭廷军 .2014. 我国农户粮食生产适度规模的经济学分析 [J]. 农业经济问题
（3）： 4-7.

乔西铭 .2007. 基于价值工程下农业机械选型与配套方案的优化 [J]. 华南热带农业大学
学报 ,13（4）:78-80.

邵景安，张仕超，李秀彬 . 2015. 山区土地流转对缓解耕地撂荒的作用 [J]. 地理学报 ,70
（4）： 636-649.

谭淑豪，NicoHeerink，曲福田 .2006. 土地细碎化对中国东南部水稻小农户技术效率
的影响 [J]. 中国农业科学 ,39（12）:2 467-2 473.

唐博文，罗小峰，秦军 . 2010. 农户采用不同属性技术影响因素分析 [J]. 中国农村经济 ,
（6）： 49-55.

田立新，张蓓蓓 .2011. 中国碳排放变动的因素分解分析 [J]. 中国人口·资源与环境 ,21
（11）： 1-7.

王桂民，陈聪，曹光乔，等 . 2017. 中国耕地流转时空特征及影响因素分解 [J]. 农业

工程学报,33（1）：1-7.

王国华.2014.日本农业规模经营的实现形式[J].世界农业（7）:143-146.

王建军,陈培勇,陈风波.2012.不同土地规模农户经营行为及其经济效益比较研究——以长江流域稻农调查数据为例[J].调研世界（5）：34-37.

王鹏飞,朱兰兰,蔡银莺.2015.不同主体功能区农户土地利用行为的差异分析：基于湖北省528份农户调查数据[J].湖南农业大学学报（社会科学版）,16（6）：12-18.

王其南,范远谋,李仲源,等.1989.农业生产方式的深刻变革——北京市顺义县土地适度规模经营调查[J].农业技术经济（2）:10-15.

王秀清,苏旭霞.2002.农用地细碎化对农业生产的影响——以山东省莱西市为例[J].农业技术经济（2）：2-7.

王旭,魏清勇.2000.黑龙江垦区拖拉机选型试验适应性分析[J].拖拉机与农用运输车（2）:22-25.

王勇,陈印军,易小燕,等.2011.耕地流转中的"非粮化"问题与对策建议[J].中国农业资源与区划,32（4）：13-16.

王兆林,杨庆媛.2013.农户兼业行为对其耕地流转方式影响分析：基于重庆市1096户农户的调查[J].中国土地科学,27（8）：67-74.

魏延富,高焕文,李洪文.2005.三种一年两熟地区小麦免耕播种机适应性试验与分析[J].农业工程学报,21（1）:97-101.

夏晓东.1983.土壤—机器系统的系列畸变模型试验技术的研究[J].农业机械学报（4）:10-26.

徐国泉,刘则渊,姜照华.2006.中国碳排放的因素分解模型及实证分析：1995-2004[J].中国人口·资源与环境,16（6）：158-161.

许庆,尹荣梁,章辉.2011.规模经济、规模报酬与农业适度规模经营——基于我国粮食生产的实证研究[J].经济研究（3）：59-71.

许士春,习蓉,何正霞.2012.中国能源消耗碳排放的影响因素分析及政策启示[J].资源科学,34（1）：2-12.

薛振彦.2011.马铃薯收获机型对比选型试验报告[J].农机科技推广（4）:54-55.

颜筱红.2011.基于相似系数和距离的农机选型评价模型[J].安徽农业科学,39（19）:11 888,11 891.

杨国军,王强.2008.丘陵地区水稻收获机械的选型[J].农机化研究（2）:238-240.

杨瑞珍,陈印军,易小燕,等.2012.耕地流转中过度"非粮化"倾向产生的原因与对策[J].中国农业资源与区划,33（3）：14-17.

杨雪姣,孙福田.2014.基于DEA方法对农机设备优化选型的研究[J].农机化研究（5）:62-65.

◄◄ **参考文献**

易小燕,陈印军.2010.农户转入耕地及其"非粮化"种植行为与规模的影响因素分析——基于浙江、河北两省的农户调查数据[J].中国农村观察,31(6):2-10,21.

游和远,吴次芳.2010.农地流转、禀赋依赖与农村劳动力转移[J].管理世界,26(3):65-75.

岳婷,龙如银.2010.基于LMDI的江苏省能源消费总量增长因素分析[J].资源科学,32(7):1 266-1 271.

岳婷,龙如银.2013.我国居民生活能源消费量的影响因素分析[J].华东经济管理,27(11):57-61.

张成玉.2015.土地经营适度规模的确定研究——以河南省为例[J].农业经济问题(11):57-63.

张宏文,欧亚明,吴杰.2002.运用线性规划对农机具进行最佳配备[J].农机化研究(1):59-61.

张仕超,魏朝富,邵景安,等.2014.丘陵区土地流转与整治联动下的资源整合及价值变化[J].农业工程学报,30(12):1-17.

张雯丽.2012.规模经营农业的新途径——吉林省田丰机械种植专业合作社探索土地托管模式做法与成效[J].当代农机(8):20-21.

张衍,李灵芝,牛三库.2012.基于模糊贴近度的农业机械评判模型[J].现代农业科技(6):256,261.

张正峰,赵伟.2011.土地整理的资源与经济效益评估方法[J].农业工程学报,27(3):295-299.

赵微.2010.基于格序结构的土地整理效益评价[J].农业工程学报,26(14):338-343.

赵旭强,韩克勇.2006.试论农业规模化经营及其国际经验和启示[J].福建论坛(人文社会科学版)(8):25-27.

周庆元.2010.基于模糊神经网络和支持向量机的农机优化选型研究[J].统计与决策(23):46-48.

周应朝,高焕文.1988.农业机器优化配备的新方法——非线性规划综合配备法[J].农业机械学报(1):43-50.

朱勤,彭希哲,陆志明,等.2009.中国能源消费碳排放变化的因素分解及实证分析[J].资源科学,31(12):2 072-2 079.

祝荣欣,乔金友,权龙哲.2009.基于Web的农机选型智能决策支持系统设计[J].农机化研究(1):100-102.

Ahmed M H.1989. Mechanization of kenaf production at Abu Naama Scheme in Sudan[J]. Agricultural Mechanization in Asia, Africa and Latin America,20(3):61-67.

Ang B W, Liu N. 2007.Negative –value problems of the logarithmic mean Divisia index

153

decomposition approach [J], Energy Policy,35（1）: 739–742.

Ang B W, Zhang F Q, Cho I k. 1998.Factorizing changes in energy and environmental indicators through decomposition[J]. Energy,23（6）: 489–495.

Ang B W. 2004.Decomposition analysis for policy making in energy: which is the preferred method [J]. Energy Policy,32（9）: 1 131–1 139.

Ang B W. 2005.The LMDI approach to decomposition analysis: A practical guide[J]. Energy Policy,33（7）: 867–871.

Audsley E. 1981.An arable farm model to evaluate thecommercial viability of new machines or techniques[J].Journalof Agricultural Engineering Research,26:135–149.

Bender D A, Kline D E, McCarl. 1990.Postoptimal linear programming analysis of farm machinery[J]. Transactions ofthe ASAE,33（1）:15–20.

Bogaerts T, Williamson I P, Fendel E M. 2002.The role of land administration in the accession of central European countries to the European Union[J]. Land Use Policy,19（1）: 29–46.

Danok A B, McCarl B A, White T K. 1980.Machinery selection modelling: incorporation of weather variability[J]. American Journal of Agricultural Economics,62（4）:700–708.

Dewangana K N, Owarya C, Dattab R K. 2010.Anthropometry of male agricultural workers of north–eastern India and its use in design of agricultural tools and equipment [J]. International Journal of Industrial Ergonomics,40（5）:560–573.

Dionysis D Bochtisa, Claus G C, Sørensena, et al. 2014.Advances in agricultural machinery management: A review [J]. Biosystems Engineering,126:69–81.

Donnell H. 1964.Farm power and machinery management（4th edition）[M].IowaState University Press.

Donnell H. 1983.Farm power and machinery management[M]. IowaState University Press.

Donnell H. 1981.Machinery management tin Areas of Labor surplus[C]. Proceedings of International Conference on Systems Theory and Application sin India.

Edwards W, Boehlje M. 1980.Machinery selection considering timeliness losses[J]. Transactions of the ASAE ,23（4）: 810–815, 821.

Elderen E V. 1980.Models and techniques for scheduling farm operations: a comparison[J]. Agricultural Systems,5:1–17.

Gao H W, Donnell H. 1985.Optimum combine fleet selection with power–based model[J]. Trans.ASAE,28（2）:364–36.

Hetz H E. 1986.Farm machinery needs according to cultivated area[J].Tillage intensity and crop rotation, 14（2）: 67—77.

Isik A, Sabanci A A. 1993.Computer model to select optimum size of farm machineryand power for mechanization planning[J]. Agricultural Mechanization in Asia, Africaand Latin America,24（3）: 68-72.

Jannot P, Nicoletti J P. 1992.Optimisation and simulation: two decision support systems （DSS）for the choice of farm equipment[D]. International Conference on Agricultural Engineering. Uppsala, Sweden.

Kimberly A N, William H, Durham. 2012.Farm-scale adaptation and vulnerability to environmental stresses: Insights from winegrowing in Northern California [J]. Global Environmental Change ,22 （2）: 483 - 494.

Knapp T, Mookerjee R P. 1996.Growth and Global CO2 Emissions[J]. Energy Policy,24(1): 31-37.

Long H, Liu, HouX, et al. 2014.Effects of land use transitions due to rapid urbanization on ecosystem services: Implications for urban planning in the new developing area of China [J]. Habitat International,44: 536-544.

Magnar F, Hilde B, Rob J F, et al.2014. Drivers of change in Norwegian agricultural land control and the emergence of rental farming[J]. Journal of Rural Studies,33:9-19.

Massimo L, Fabrizio M. 1996.A PC model for selecting multicropping farm machinery systems[J]. Computers and Electronics in Agriculture,14（1）:43-59.

Milenov P, Vassilev V, Vassileva A, et al. 2014.Monitoring of the risk of farmland abandonment as an efficient tool to assess the environmental and socio- economic impact of the Common Agriculture Policy[J]. International Journal of Applied Earth Observation and Geoinformation,32: 218-227.

Mullan K, Grosjean P, Kontoleon A. 2011.Land tenure arrangements and rural- urban migration in China[J]. World Development,39（1）: 123-133.

Papy F, Attonaty J M, Laporte C, et al. 1988.Work organization simulation as a basis for farm management advice [J]. Agricultural Systems,27:295-314.

Parmar R S, McClendon R W, Potter W D. 1996.Farm machinery selection using simulation and genetic algorithms[J]. Transactions of the ASAE,39 （5）:1 905-1 909.

Pueyo Y, Begueria S. 2007.Modelling the rate of secondary succession after farmland abandonment in a Mediterranean mountain area[J]. Landscape and Urban Planning,83 （4）: 245-254.

Reet P, Juri R. 2014.Using a nonlinear stochastic model to schedule silage maize harvesting on Estonian farms [J]. Computers and Electronics in Agriculture,107:89-96.

Robertoes K K. Wibowoa, Peeyush S. 2014.Anthropometry and Agricultural Hand Tool

Design for Javanese and Madurese Farmers in East Java, Indonesia [J]. APCBEE Procedia,8:119–124.

Sahu R K, Raheman H A. 2008.decision support system on matching and fieldperformance prediction of tractor–implement system[J].Computers and Electronics in Agriculture, 60:76–86.

Seyyedhassan P K, Alireza K, Mohammad R M. 2013.Seed corn harvesting system selection using TOPSIS and SAW models[J]. Journal of Agricultural Engineering Research,14 （2）:81–92.

Sogaard H T, Sorensen C G. 1996.A model for optimalselection of machinery sizes within the farm machinerysystem[C]. Proceedings of the Sixth International Symposiumon Computers in Agriculture.

Toro A D, Hansson P A. 2004.Analysis of field machinery performance based on daily soil workability status using discrete event simulation or on average workday probability[J]. Agricultural Systems,79 :109–129.

Toro A D, Hansson P A. 2004.Machinery co–operatives—a case study in Sweden[J]. Biosystems Engineering,87 （1）:13–25.

Tulu M Y, Holtman J B, Fridley R B, et al. 1997.Timeliness costs and available working days—shelled corn[J]. Transactions of the ASAE,17 （10）:798–800, 804.

Waris M, Shahir L M, Faris K M, et al.2014.Investigating the Awareness of Onsite Mechanization in Malaysian Construction Industry[J].Procedia Engineering,77:205–212.

Whitson R E, Kay R D, Lepori W A, Rister E M.1981.Machinery and crop selection with weather risk[J]. Transactionsof the ASAE,24（2）: 288 – 291, 295.

Witney B. 1988.Choosing and using farm machines[M].Newyork: Longman Higher Education.

Xiaolong W, Yuanquan C. 2014.Emergy analysis of grain production systems on large-scale farms in the North China Plain based on LCA[J]. Agricultural Systems,128:66–78.

Zaragozi B, Rabasa A, Rodríguez–Sala J J, et al. 2012.Modelling farmland abandonment: A study combining GIS and data mining techniques[J]. Agriculture, Ecosystems & Environment,155: 124–132.

Zhang W, Wang W, Li X, et al. 2014.Economic development and farmland protection: An assessment of rewarded land conversion quotas trading in Zhejiang, China[J].Land Use Policy,38:467–476.